Raspberry Pi 5 + AI 創新實踐

電腦視覺與人工智慧應用

王進德 著

打造你的創意與技術夢想！

使用 Raspberry Pi 實作影像辨識的眾多智慧功能

- 快速上手 Raspberry Pi 5：了解硬體特色、Bookworm 作業系統，以 Python 探索 GPIO 應用
- 多媒體與網路連接：輕鬆設定網路、整合 Webcam 與 Pi 相機模組，讓 Pi 成為多功能媒體平台
- 學習電腦視覺技術：深入學習 OpenCV 與 MediaPipe，實現臉部辨識、手勢追蹤等智慧功能
- 打造現代應用開發：使用 Streamlit 建立互動網頁應用，整合 OpenAI Chat API，打造 AI 助手

Raspberry Pi 5 + AI 創新實踐
電腦視覺與人工智慧應用指南

作　　者：	王進德
責任編輯：	曾婉玲
董 事 長：	曾梓翔
總 編 輯：	陳錦輝

出　　版：博碩文化股份有限公司
地　　址：221 新北市汐止區新台五路一段 112 號 10 樓 A 棟
　　　　　電話 (02) 2696-2869　傳真 (02) 2696-2867

郵撥帳號：17484299　戶名：博碩文化股份有限公司
博碩網站：https://www.drmaster.com.tw
讀者服務信箱：dr26962869@gmail.com
讀者服務專線：(02) 2696-2869 分機 238、519
（週一至週五 09:30 ～ 12:00；13:30 ～ 17:00）

版　　次：2025 年 5 月初版

博碩書號：MP22434
建議零售價：新台幣 680 元
Ｉ Ｓ Ｂ Ｎ：978-626-414-114-7（平裝）
律師顧問：鳴權法律事務所 陳曉鳴 律師

本書如有破損或裝訂錯誤，請寄回本公司更換

國家圖書館出版品預行編目資料

Raspberry Pi 5 + AI 創新實踐：電腦視覺與人工智慧
應用指南 / 王進德著. -- 初版. -- 新北市：博碩文化股
份有限公司, 2025.04
　　面；　公分

ISBN 978-626-414-114-7 (平裝)

1.CST: 電腦程式設計 2.CST: 電腦視覺 3.CST: 人工智慧

312.2　　　　　　　　　　　　　　　114000329

Printed in Taiwan

歡迎團體訂購，另有優惠，請洽服務專線
博 碩 粉 絲 團　(02) 2696-2869 分機 238、519

商標聲明
本書中所引用之商標、產品名稱分屬各公司所有，本書引用純屬介紹之用，並無任何侵害之意。

有限擔保責任聲明
雖然作者與出版社已全力編輯與製作本書，唯不擔保本書及其所附媒體無任何瑕疵；亦不為使用本書而引起之衍生利益損失或意外損毀之損失擔保責任。即使本公司先前已被告知前述損毀之發生。本公司依本書所負之責任，僅限於台端對本書所付之實際價款。

著作權聲明
本書著作權為作者所有，並受國際著作權法保護，未經授權任意拷貝、引用、翻印，均屬違法。

序 言

在這個科技日新月異的時代，微型電腦的誕生與發展正改變著我們的生活，而 Raspberry Pi 無疑是其中最具代表性的產品之一。從教育工具到創客專案，再到物聯網與人工智慧的應用，Raspberry Pi 不僅僅是一個學習平台，更是一個探索與實現創意的工具箱。

對於初次接觸 Raspberry Pi 的人來說，如何從零開始搭建專案、深入理解硬體與軟體的結合，甚至邁向進階應用，是一個既興奮又充滿挑戰的旅程。本書便是為了解答這些問題而誕生，旨在提供一條清晰的學習路徑，幫助你掌握從入門到進階的實用技術。

本書涵蓋了從基礎到進階的多層次內容，帶領你從 Raspberry Pi 的基本操作開始，逐步進入 GPIO 控制、電腦視覺應用（OpenCV 與 MediaPipe）、網頁互動開發（Streamlit）以及整合生成式人工智慧技術（OpenAI Chat API）。這些內容不僅讓你學會技術本身，更幫助你了解如何將這些技術結合起來，創造出具有實際價值的應用。

誠摯希望本書不僅成為你學習與實踐的可靠夥伴，更能激發你的靈感，讓你在科技的海洋中自由探索，實現自己的創意夢想。本書得以順利完成，要感謝博碩文化全體編輯同仁的全力幫助，使本書可以在最短時間內出版，在此謹致上我最誠摯的謝意。同時，我也要將完成此書的喜悅，獻給我最親愛的家人、我最心愛的老婆以及我最疼愛的兩個小兒。

雖然筆者懷抱著要以最佳的書籍內容獻給讀者的心情來編寫此書，但若閱讀本書時有發現任何疏漏之處，還要麻煩你多加批評指正，筆者將不勝感激。

王進德 謹識

✉ jdwang66@gmail.com

目 錄

Chapter 01 安裝與設定 Raspberry Pi 5 001

- 1.1 Raspberry Pi 簡介 002
- 1.2 Raspberry Pi 5 新特色 002
  - 更快的處理器 002
  - 自研晶片 RP1 002
  - 全新的介面和功能 003
  - 其他改進 003
- 1.3 組裝 Raspberry Pi 5 004
- 1.4 使用 Raspberry Pi Imager 005
  - 將作業系統寫入 microSD 005
- 1.5 啟動 Bookworm 作業系統 011
  - 設定中文環境 011
  - 設定鍵盤 013
- 1.6 圖形化檔案管理 013
- 1.7 raspi-config 環境設定 014
  - 啟動終端機 014
  - raspi-config 指令 015
- 1.8 基本 Linux 指令 016
  - date 指令 016
  - df 指令 017
  - free 指令 017
  - exit 指令 018

shutdown 指令 018

poweroff 指令 018

1.9 序列埠登入 Raspberry Pi 5 018

下載 MobaXterm 020

使用 MobaXterm 020

Chapter 02 Bookworm 作業系統 023

2.1 本章提要 024

Bookworm 新特性 024

2.2 Linux 檔案系統 025

檔案命名 025

2.3 檔案管理指令 026

pwd 指令 026

cd 指令 026

ls 指令 027

cp 指令 028

mv 指令 029

rm 指令刪除檔案 030

2.4 使用 Nano 編輯文字檔案 030

檔案處理 031

編輯 032

複製及貼上 032

搜尋及替換 032

cat / more 指令 033

以 > 及 echo 指令來建立文字檔 033

2.5 目錄管理 034

mkdir 指令 034

		rm 指令刪除目錄	034
2.6		了解檔案權限	035
		ls -l 指令	035
		檔案權限格式	036
		chmod 指令	037
		chown 指令	038
2.7		系統管理	038
		sudo 指令	038
		passwd 指令	039
2.8		更新作業系統	039
		apt update 指令	040
		apt upgrade 指令	040
		rpi-update 指令	040
2.9		尋找及安裝軟體套件	041
		apt-cache 指令	041
		apt show 指令	042
		apt install 指令	042
		apt list 指令	042
		apt remove 指令	043
2.10		使用 grim 擷取螢幕畫面	043
		全螢幕截圖	043
		延時擷取畫面	044
		以滑鼠擷取畫面	045
		指定起始座標進行區域截圖	045
2.11		Shell Script 簡介	046
		Shell	046
		Shell Script	046
		編寫 Shell Script	046

sh01 檔案說明 047

2.12 自動執行腳本 048

建立腳本 048

編輯 /etc/rc.local 檔 049

2.13 了解 rc-local 服務 050

systemd 051

rc-local 服務單元 051

查看 rc-local 服務的狀態 052

2.14 常用的 systemctl 指令 053

systemctl stop 指令 053

systemctl start 指令 053

systemctl restart 指令 053

systemctl disable 指令 053

systemctl enable 指令 054

Chapter 03　Raspberry Pi 連上網路 055

3.1 查看 IP 位址、閘道器及 DNS 056

hostname -I 指令 056

ip addr 指令 056

route 指令 057

ip route 指令 057

查看 DNS Server 058

3.2 圖形介面設定靜態 IP 位址 058

3.3 終端機設定靜態 IP 位址 060

3.4 圖形介面設定 Wi-Fi 064

設定無線網路 064

3.5 設定 Wi-Fi 靜態 IP 位址 065
　　iwlist 指令 065
　　使用 nmtui 設定 Wi-Fi 靜態 IP 位址 066
　　停止 Wi-Fi 網路 068
　　重啟 Wi-Fi 網路 068

3.6 啟用 SSH 069
　　傳統網路服務的缺點 069
　　SSH 安全協定 069
　　啟用 Pi 的 SSH Server 069
　　raspi-config 致能 SSH 070
　　查看靜態 IP 位址 071

3.7 Linux 主機 SSH 遠端存取 Pi 071
　　登出 SSH 072
　　移除 Raspberry Pi 指紋安全碼 072

3.8 Windows 主機 SSH 遠端連結 Pi 073

3.9 使用 SFTP 進行檔案交換 075
　　下載檔案 075
　　上傳檔案 076

3.10 Windows 主機 VNC 遠端連結 Pi 076
　　啟用 VNC 伺服器 076
　　下載 TigerVNC Viewer 077
　　VNC 遠端連結 Raspberry Pi 078

Chapter 04　連接 Webcam 081

4.1 安裝 Webcam 082
　　lsusb 指令 082

| 4.2 | 使用 fswebcam 工具 | 083 |

4.3	Webcam 定時拍照	085
	編寫拍照腳本	085
	編輯排程	086

4.4	錄製 Webcam 視訊	087
	FFmpeg 工具	088
	播放影片	089

Chapter 05 連接 Pi 相機模組 091

5.1	安裝 Pi 相機模組	092
	Pi 相機模組	092
	Pi 相機連接至 Raspberry Pi 5	092

5.2	設定 IMX219 相機模組	093
	修改 config.txt	094
	相機型號及 config.txt 設定	095
	雙眼相機設定	095

5.3	使用 rpicam-hello 預覽相機視訊	096
	-t 選項	096
	測試雙眼相機	096

| 5.4 | 使用 rpicam-jpeg 拍照 | 097 |
| | 加入選項 | 098 |

5.5	使用 rpicam-still 拍照	098
	--encoding 選項	098
	-t 選項	099

| 5.6 | 使用 rpicam-vid 錄影 | 099 |
| | --codec 選項 | 099 |

5.7 Pi 相機模組建立縮時攝影 100

--segment 選項 100

拍攝縮時照片 100

整合照片成影片 101

5.8 使用 cron 建立自動縮時攝影 102

拍攝縮時照片 102

停止拍攝縮時照片 103

整合照片成影片 103

Chapter 06 Python 基本語法 105

6.1 本章提要 106

啟動 Python 106

6.2 撰寫 Python 程式 107

安裝 Visual Studio Code 107

撰寫及執行 Python 程式 108

6.3 Python 基礎 108

變數 108

print() 函式 108

f 字串 109

input() 函式 109

算術運算子 109

跳脫字元 110

字串串接 110

轉換函式 111

6.4 Python 字串處理 112

len() 函式 112

find() 函式 112

		[:] 符號 112
		replace() 函式 113
		upper() 及 lower() 函式 113
		字串重複 113
		ord() 及 char() 函式 113
		format() 函式 114
	6.5	Python 控制敘述 115
		if 條件敘述 115
		關係運算子 116
		邏輯運算子 116
		for 迴圈敘述 117
		while 敘述 117
		break 敘述 117
		continue 敘述 118
	6.6	自定義函式 118
		def 敘述 118
		函式中的參數 119
		函式中包含多個參數 120
		函式回傳值 120
	6.7	串列 121
		存取串列的元素 121
		len() 函式 121
		新增串列的元素 121
		移除串列的元素 122
		split() 函式 122
		迭代存取串列 123
		列舉串列 123
		排序串列 124

　　　　提取串列 125
　　　　串列表達式 125
　6.8　字典 126
　　　　存取字典 127
　　　　新增字典中的鍵值對 127
　　　　移除字典中的鍵值對 127
　　　　迭代存取字典 127
　6.9　元組 128
　　　　函式回傳多個數值 129
　6.10　使用模組 129
　　　　import 指令 129
　　　　choice() 函式 130
　　　　格式化日期及時間 130
　6.11　在 Python 中執行 Linux 指令 131
　　　　system() 函式 131
　　　　check_output() 函式 131
　6.12　檔案處理 132
　　　　寫入檔案 132
　　　　open() 函式 132
　　　　讀取檔案 133
　6.13　例外處理 134
　　　　try / except 敘述 134
　　　　try / except / else / finally 敘述 135

Chapter 07　Python GPIO 控制 137

　7.1　Raspberry Pi GPIO 138
　　　　權限 138

	GPIO 使用注意事項	139
	gpiozero 模組	139
7.2	點亮 LED	139
	實作材料	139
	連接至 Raspberry Pi	140
	實作步驟	140
7.3	LED 閃爍程式	141
	安裝 VS Code 套件	141
	實作材料	142
	連接至 Raspberry Pi	142
7.4	控制 LED 的亮度	143
	PWM	143
	實作材料	143
	連接至 Raspberry Pi	144
	PWMLED 類別	144
7.5	連接按鈕開關	145
	實作材料	145
	連接至 Raspberry Pi	145
	Button 類別	146
7.6	按鈕控制 LED	148
	實作材料	148
	連接至 Raspberry Pi	148
7.7	切換 LED 亮滅	151
	實作材料	151
	連接至 Raspberry Pi	151
	LED 類別的 toggle() 方法	151
7.8	消除按鈕按下的抖動	152

按鈕開關的抖動 152

　　　軟體去抖動 153

　7.9　偵測物體運動 154

　　　PIR 感測器 154

　　　實作材料 154

　　　連接至 Raspberry Pi 154

　　　MotionSensor 類別 155

　7.10　使用 I2C 16x2 字元液晶顯示器 156

　　　16x2 LCD 156

　　　實作材料 156

　　　連接至 Raspberry Pi 157

　　　啟用 I2C 介面 157

　　　掃描連接 I2C 的裝置 158

　　　安裝 RPLCD 套件 158

　　　使用 RPLCD 套件 159

　7.11　測量 Raspberry Pi CPU 溫度 160

　　　CPUTemperature 類別 160

　7.12　DHT11 讀取環境溫濕度 161

　　　DHT11 161

　　　實作材料 162

　　　連接至 Raspberry Pi 162

　　　安裝 adafruit-dht 套件 162

　　　使用 adafruit-dht 套件 163

　7.13　資料記錄到 USB 隨身碟 164

　　　glob 模組 165

　　　CSV 格式 165

　7.14　使用 OLED 圖形顯示器 167

OLED 167

實作材料 167

連接至 Raspberry Pi 167

掃描連接 I2C 的裝置 168

安裝 adafruit-ssd1306 套件 168

使用 adafruit-ssd1306 套件 169

Chapter 08　OpenCV 影像處理 173

8.1　OpenCV 簡介 174

8.2　安裝 OpenCV 套件 174

建立虛擬環境 174

安裝套件 175

測試 OpenCV 是否有安裝成功 175

查看 OpenCV 版本 175

8.3　讀取及顯示影像 176

imread() 函式 176

imshow() 函式 176

waitKey() 函式 177

destroyWindow() 函式 177

destroyAllWindows() 函式 177

8.4　取得影像資訊 179

shape 屬性 179

size 屬性 179

dtype 屬性 179

8.5　寫入及儲存影像 180

imwrite() 函式 180

8.6 色彩空間轉換 181
cvtcolor() 函式 181
HSV 色彩空間 182
BGR 轉 HSV 182

8.7 影像平移 184
影像平移轉換矩陣 184
warpAffine() 函式 184

8.8 影像旋轉 186
getRotationMatrix2D() 函式 186

8.9 影像放大縮小 188
resize() 函式 188

8.10 影像仿射轉換 190
getAffineTransform() 函式 190

8.11 影像投影轉換 193
getPerspectiveTransform() 函式 194
warpPerspective() 函式 194

8.12 加強影像 196
convertScaleAbs() 函式 196
detailEnhance() 函式 197
使用 Matplotlib 顯示多張圖形 197

8.13 影像模糊化 200
blur() 函式 200
GaussianBlur() 函式 200
medianBlur() 函式 201

8.14 影像邊緣偵測 203
Sobel 濾波 203
Laplacian 濾波 204

		Canny 邊緣檢測 204
8.15	二值化黑白影像 207	
		threshold() 函式 207
		Otsu 處理 207
8.16	侵蝕和膨脹影像 209	
		erode() 函式 209
		dilate() 函式 210
		getStructuringElement() 函式 210
8.17	影像輪廓偵測 212	
		輪廓檢測流程 213
		findContours() 函式 213
		drawContours() 函式 214

Chapter 09　OpenCV 串流視訊應用 217

9.1	擷取 Webcam 串流視訊 218	
		VideoCapture() 函式 218
		isOpened() 函式 218
		cap.read() 函式 219
		cap.release() 函式 219
9.2	Webcam 錄影 221	
		VideoWriter 類別 221
		VideoWriter_fourcc() 函式 222
		out.write() 函式 222
		out.release() 函式 222
9.3	Webcam 視訊處理 224	
		高斯模糊處理 224
		調整影像大小及偵測邊緣 226

9.4 Webcam 影像相減運動偵測 228
　　absdiff() 函式 228
9.5 Webcam 背景相減運動偵測 231
　　背景相減 231
　　createBackgroundSubtractorMOG2() 函式 231
　　使用背景減法函式偵測物體運動 232
9.6 取得感興趣區域 234
　　ROI 234
9.7 使用滑鼠選取 ROI 236
　　setMouseCallback() 函式 236
　　事件處理函式 237
　　顯示 ROI 238
9.8 Webcam ROI 物件運動偵測 241
　　selectROI() 函式 241
　　ROI 物件運動偵測 242
　　在 Matplotlib 中顯示動態圖形 242

Chapter 10　MediaPipe 影像辨識 249

10.1 MediaPipe 簡介 250
10.2 安裝 MediaPipe 套件 250
　　安裝套件 250
10.3 MediaPipe AI 視覺功能 251
　　MediaPipe 官方網站 251
10.4 MediaPipe 使用入門 253
　　取得訓練好的模型 253
　　建立任務 254

	準備輸入資料	254
	取得 GitHub 程式範例	255
10.5	**影像物件偵測**	**255**
	模型	256
	載入影像	256
	配置參數	257
	mp.tasks 模組	257
	建立任務	258
	執行任務	258
	偵測結果	259
10.6	**影像分割**	**262**
	模型	262
	配置參數	263
	建立任務	263
	執行任務	264
	分割結果	264
	影像去背	264
10.7	**影像人臉偵測**	**267**
	模型	268
	配置參數	268
	建立任務	269
	執行任務	269
	偵測結果	269
10.8	**影像人臉標記偵測**	**272**
	模型	273
	配置參數	273
	建立任務	274
	執行任務	274

偵測結果 274

10.9 影像姿勢標記偵測 279

模型 279

33 個姿勢標記 280

配置參數 281

建立任務 281

執行任務 282

偵測結果 282

Chapter 11　MediaPipe 串流視訊應用 287

11.1 Webcam 物件偵測 288

模型 288

建立任務 288

save_result() 函式 289

執行任務 289

偵測結果 290

11.2 Webcam 手部標記偵測 293

模型 294

手部 21 個關鍵點 294

配置參數 294

建立任務 295

執行任務 295

偵測結果 295

11.3 Webcam 手勢辨識 300

模型 301

可識別手勢 301

配置參數 301

建立任務 302
執行手勢辨識 302
偵測結果 303

11.4 Webcam 人臉偵測 307
模型 307
建立任務 308
執行任務 308
偵測結果 308

11.5 Webcam 姿勢標記偵測 311
模型 312
建立任務 312
執行任務 312
偵測結果 312

Chapter 12 Picamera2 串流視訊應用 317

12.1 本章提要 318
12.2 虛擬環境使用 Picamera2 套件 318
建立虛擬環境 318
12.3 儲存相機影像 319
12.4 錄製 H.264 視訊 321
12.5 建立 MJPEG 伺服器 323
HTML 頁面 323
StreamingOutput 類別 324
StreamingHandler 類別 325
StreamingServer 類別 326
設定及啟動相機 327

啟動伺服器 327

12.6 OpenCV 連接 Pi Camera 331

12.7 OpenCV 人臉偵測 333

Haar Cascades 檔案 333

Chapter 13 Streamlit 基礎 337

13.1 本章提要 338

Streamlit 特點 338

13.2 安裝 Streamlit 338

建立虛擬環境 338

安裝套件 339

13.3 Streamlit 文字元素 340

st.title 元素 340

st.header 元素 340

st.subheader 元素 340

st.text 元素 341

st.write 函式 341

st.markdown 函式 341

HTML 341

彩色文字 342

13.4 Streamlit 多媒體元素 344

st.image 元素 344

st.video 元素 344

st.audio 元素 345

st.file_uploader 元素 345

13.5 Streamlit 互動元件 347

st.text_input 元件 347

st.text_area 元件 348

st.number_input 元件 348

st.button 元件 348

st.radio 元件 348

st.checkbox 元件 349

st.selectbox 元件 349

st.multiselect 元件 349

st.slider 元件 350

st.date_input 元件 350

st.time_input 元件 350

st.progress 元件 351

st.spinner 元件 351

13.6 Streamlit 佈局元件 355

st.sidebar 元件 355

st.columns 元件 355

st.expander 元件 356

st.tabs 元件 356

13.7 使用 Session State 358

st.session_state 358

保留 counter 變數值 358

13.8 建立多頁面應用程式 361

st.navigation 函式 362

st.Page 函式 362

Material Symbols 364

Chapter 14 建立網頁版 ChatGPT 365

14.1 本章提要 366

14.2 取得 OpenAI 的 API 密鑰 366
14.3 安裝套件 368
    建立及啟動虛擬環境 368
    安裝套件 368
    使用 python-decouple 套件 369
14.4 網頁顯示 OpenAI API 模型清單 369
14.5 簡易聊天網頁 372
    chat.completions.create() 函式 372
    Chat API 完成回應格式 373
14.6 具串流回應的聊天網頁 375
    st.write_stream() 函式 376
14.7 Streamlit 聊天元素 378
    chat_message 元素 378
    chat_input 元素 378
14.8 可儲存對話紀錄的串流聊天網頁 381
    使用 st.session_state 儲存對話紀錄 381
14.9 以 JSON 儲存對話紀錄 385
    管理 JSON 檔案 385
14.10 本章小結 390

01

安裝與設定 Raspberry Pi 5

- 1.1 Raspberry Pi 簡介
- 1.2 Raspberry Pi 5 新特色
- 1.3 組裝 Raspberry Pi 5
- 1.4 使用 Raspberry Pi Imager
- 1.5 啟動 Bookworm 作業系統
- 1.6 圖形化檔案管理
- 1.7 raspi-config 環境設定
- 1.8 基本 Linux 指令
- 1.9 序列埠登入 Raspberry Pi 5

1.1 Raspberry Pi 簡介

「樹莓派」（Raspberry Pi）是一款由英國樹莓派基金會開發的微型單板電腦，於 2012 年首次推出；其設計目的是透過低價硬體和自由軟體，來促進學校的電腦科學基礎教育。

樹莓派的大小約與一張信用卡相當，執行於 Linux 作業系統；它配備了 ARM 架構的處理器，並具有多種連接介面，包括 USB、HDMI、乙太網路、WiFi 無線網路和 GPIO 接腳等介面。

樹莓派的應用範圍非常廣泛，從基本的電腦科學教育到物聯網（IoT）專案、家庭自動化、媒體中心和機器人開發等，其低成本和高靈活性使其成為學習和開發的理想平台。

1.2 Raspberry Pi 5 新特色

Raspberry Pi 5（樹莓派 5）是一款強大的單板電腦，與前代的 Raspberry Pi 4 相比，具有許多新特性。如圖 1-1 所示，為樹莓派 5 電路板及其新特性說明圖。

更快的處理器

Raspberry Pi 5 搭載了 Broadcom BCM2712 晶片，具四核心 Cortex-A77、64 位元 SoC，時脈可達到 2.4GHz，相對於樹莓派 4 的 BCM2711 只有 1.8GHz，效能提升不少。

自研晶片 RP1

Raspberry Pi 5 首次採用了自家製造的晶片 RP1，這顆南橋晶片大幅改進了 I/O 架構，降低了單晶片系統負擔，並提高了安全性。

Chapter 01　安裝與設定 Raspberry Pi 5

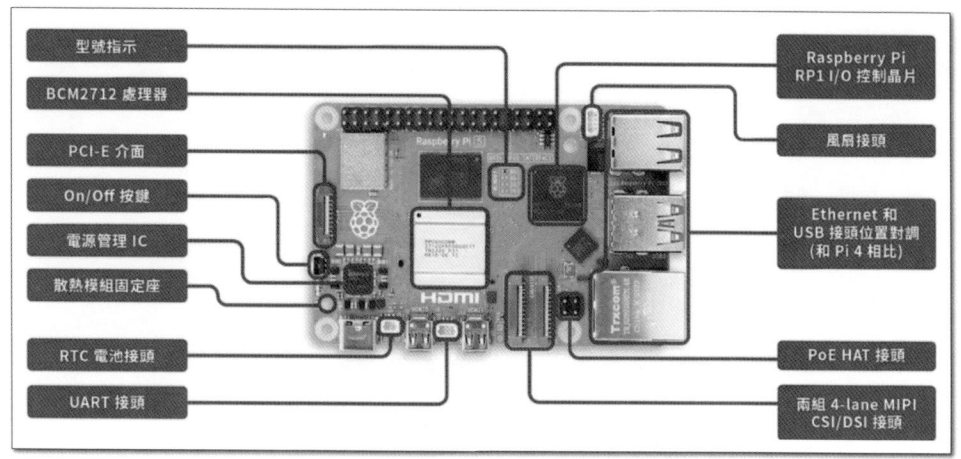

圖 1-1　Raspberry Pi 5 電路板

※ 資料來源：https://piepie.com.tw/product/raspberry-pi-5

全新的介面和功能

- 4-lane MIPI（CSI / DSI）介面：共有二組，可同時連接二個 Pi 相機模組。
- On/Off 電源按鍵：方便開機和關機。
- 即時時鐘（RTC）設計：即使系統斷電後，仍能維護時間。
- PCIe Gen2.0 介面：可外接其他高速裝置，例如：GPU 和 PCIe NVMe SSD 固態硬碟。

其他改進

- 新的型號指示設計：直接在主板上標示型號。
- 支援 PoE 802.3at：可達到 25.5 瓦特的功率。
- 散熱模組固定座：須搭配原廠 Active Cooler 使用。
- 專用的 UART 接頭：無須修改 config.txt，即可從序列埠登入到樹莓派。

1.3 組裝 Raspberry Pi 5

圖 1-2 是一個組裝後的 Raspberry Pi 5 系統。

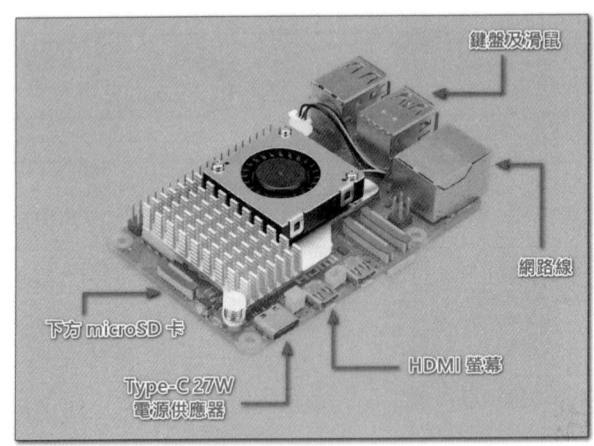

圖 1-2　組裝後的 Raspberry Pi 5 系統

由圖 1-2 可知，若我們想要組成一個 Raspberry Pi 5 系統，我們需要：

- 27W USB-C 電源模組：建議規格為 5V DC / 5A。
- 鍵盤與滑鼠：標準 USB 鍵盤及 USB 滑鼠。
- microSD 卡：至少需 32GB 以上。
- 顯示器：HDMI 顯示器。
- 顯示器連接線：Raspberry Pi 5 有二個 micro HDMI 介面，可用來連接 HDMI 顯示器。使用時，需要一條 micro HDMI 轉 HDMI 連接線。
- 網路線：Raspberry Pi 必須要能上 Internet，下載軟體套件才會方便。建議將 Raspberry Pi 以 WiFi 連接至家中的 WiFi AP，或是準備一條網路線連接至家中的路由器。
- 電腦：作業系統可以是 Windows、Linux 或 Mac OS，具備 Internet 連線功能，且需一台 MicroSD 讀卡機。

1.4 使用 Raspberry Pi Imager

Raspberry Pi Imager 是一款可協助您在 macOS、Windows 和 Linux 上下載和寫入映像檔的工具。下載 Raspberry Pi Imager 的網址： URL https://www.raspberrypi.com/software/，進入網址後的畫面，如圖 1-3 所示。在本書中，我們下載 Windows 版本的 Imager，下載後進行安裝。

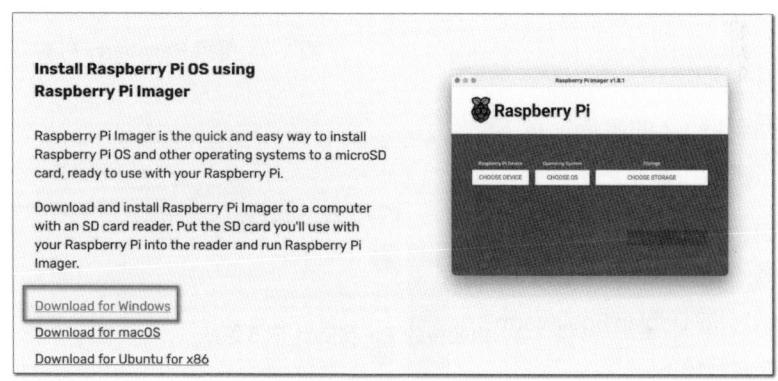

圖 1-3　下載 Raspberry Pi Imager

將作業系統寫入 microSD

將 Raspberry Pi Bookworm 作業系統寫入 microSD 卡的步驟如下：

STEP/ **01** 啟動 Raspberry Pi Imager，出現圖 1-4 的畫面。按下「CHOOSE DEVICE」按鈕，選擇樹莓派裝置。

圖 1-4　啟動 Imager

STEP/ 02 出現圖 1-5 的畫面，請選擇「Raspberry Pi 5」。

圖 1-5　選擇 Raspberry Pi 5

STEP/ 03 回到圖 1-4 的畫面，按下「選擇作業系統」按鈕，出現圖 1-6 的畫面，請選擇「Raspberry Pi OS (64-bit)」的 Debian Bookworm 作業系統。

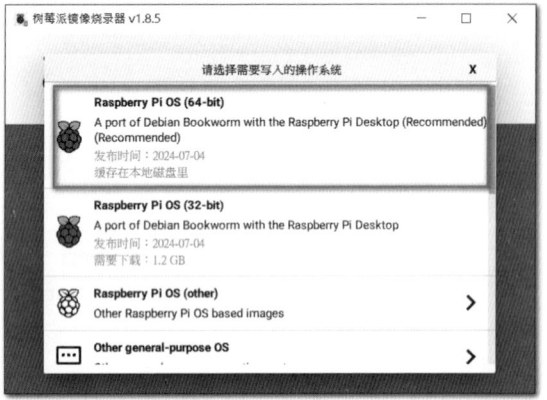

圖 1-6　選擇 64 位元 Bookworm 作業系統

STEP/ 04 回到圖 1-4 的畫面。在本書中，我們準備了 64GB 的 microSD 卡，請將 microSD 卡插入讀卡機中，按下「選擇 SD 卡」按鈕，會出現圖 1-7 的畫面，選擇你的 SD 卡。

圖 1-7　選擇 SD 卡

STEP/ 05 出現圖 1-8 的畫面，按下「NEXT」按鈕。

圖 1-8　按下「NEXT」繼續

STEP/ 06 出現圖 1-9 的畫面，按下「編輯設置」按鈕，自訂 Raspberry Pi 作業系統。

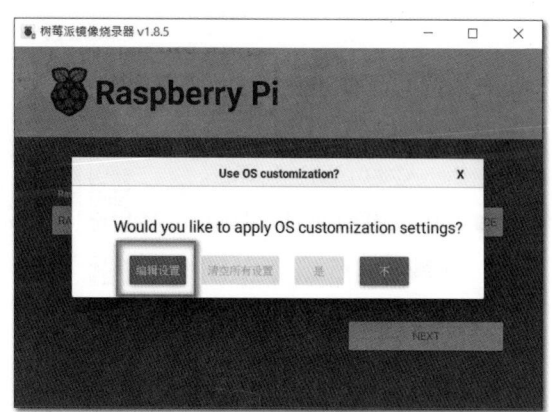

圖 1-9　編輯設置作業系統

STEP/ 07 出現圖 1-10 的畫面，選擇「GENERAL」標籤，設定主機名稱、使用者名稱及密碼。在本書中，我們將使用者名稱設為「pi」，同時設定 WiFi 的熱點及密碼，並將 WiFi 國家設為「TW」，時區設為「Asia/Taipei」，鍵盤佈局設為「US」。

圖 1-10　設定「一般」選項

STEP/ **08** 選擇「SERVICES」標籤，勾選「開啟 SSH 服務」，並選擇「使用密碼登錄」，如圖 1-11 所示。

圖 1-11　設定「服務」選項

STEP/ 09 選擇「OPTIONS」標籤，取消勾選「啟用遙測」，最後按下「保存」按鈕，以儲存自訂選項，如圖 1-12 所示。

圖 1-12　取消勾選「啟用遙測」

STEP/ 10 出現圖 1-13 的畫面，按下「是」按鈕，應用作業系統自訂選項。

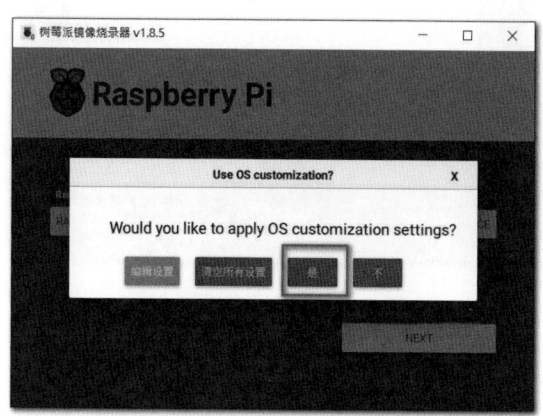

圖 1-13　應用作業系統自訂選項

STEP/ **11** 出現圖 1-14 的畫面，詢問是否可以將 SD 卡上的所有資料刪除，按下「是」按鈕。

圖 1-14　將 SD 卡上的所有資料刪除

STEP/ **12** 開始將映像檔寫入儲存裝置。若一切順利，當映像檔寫入完成後，會出現圖 1-15 的畫面，按下「繼續」按鈕後，即可將 microSD 卡從讀卡機中取出來。

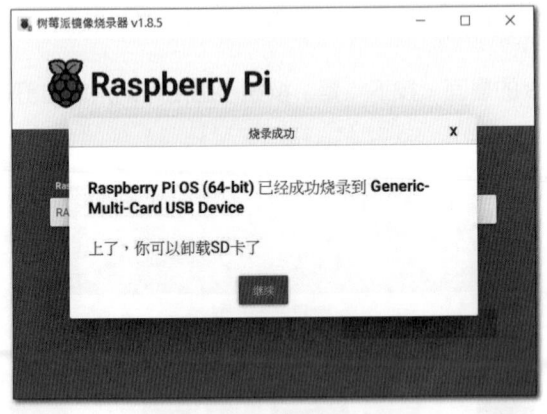

圖 1-15　寫入作業系統成功

1.5 啟動 Bookworm 作業系統

將 64 位元 Bookworm 映像檔寫入到 microSD 記憶卡之後，插入 microSD 卡到 Raspberry Pi 5，並連接鍵盤與滑鼠，使用 microHDMI 埠連接螢幕，然後開啟電源，即可開始啟動樹莓派 5。順利開機後，會載入 Bookworm 作業系統及其桌面圖形介面，如圖 1-16 所示。

圖 1-16　啟動 Bookworm 作業系統

設定中文環境

啟動 Bookworm 作業系統後，會發現桌面為英文環境，若我們想要將其改成中文環境，步驟如下：

STEP/ **01** 點選桌面上方的 Raspberry Pi 主選單，出現圖 1-17 的畫面，點選「Preferences」，再選擇「Raspberry Pi Configuration」。

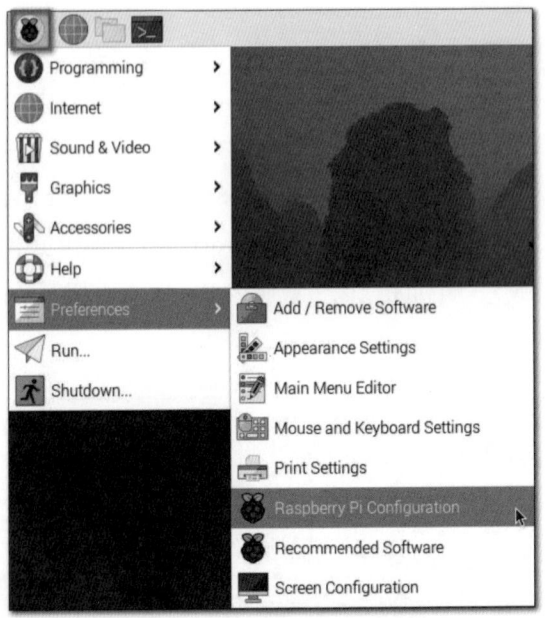

圖 1-17　Raspberry Pi 主選單

STEP/ **02** 出現圖 1-18 的畫面，選擇「Localisation」標籤，並按下「Set Locale」按鈕，將 Language 設為「zh(Chinese)」，Country 設為「TW(Taiwan)」，Character Set 設為「UTF-8」，設定完成後按下「OK」按鈕。

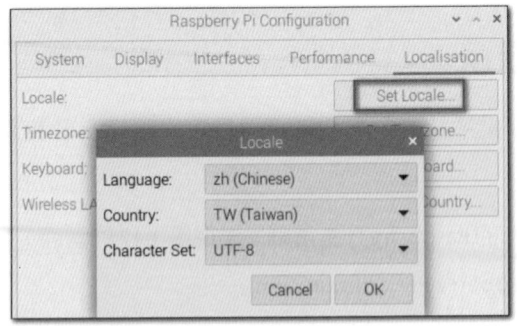

圖 1-18　設定 Locale

STEP/ **03** 繼續按下「OK」按鈕，離開 Raspberry Pi 的設定，接著重啟 Raspberry Pi 後，即可將桌面設為中文環境。

設定鍵盤

有沒有注意到 Raspberry Pi 預設的鍵盤有點問題，用鍵盤輸入時，一些常用的「#」、「~」、「@」都無法輸入，所以我們需要變更鍵盤的設定，步驟如下：

STEP/ **01** 點選桌面上方的 Raspberry Pi 主選單，選擇「偏好設定」，再選擇「Raspberry Pi 設定」。

STEP/ **02** 出現圖 1-19 的畫面，選擇「在地化」標籤，並按下「設定鍵盤」按鈕，然後將 Layout 及 Variant 設定為「Taiwanese」，設定完成後按下「確定」按鈕。

STEP/ **03** 繼續按下「確定」按鈕，離開 Raspberry Pi 的設定，接著重啟 Raspberry Pi 後，即完成鍵盤的設定。

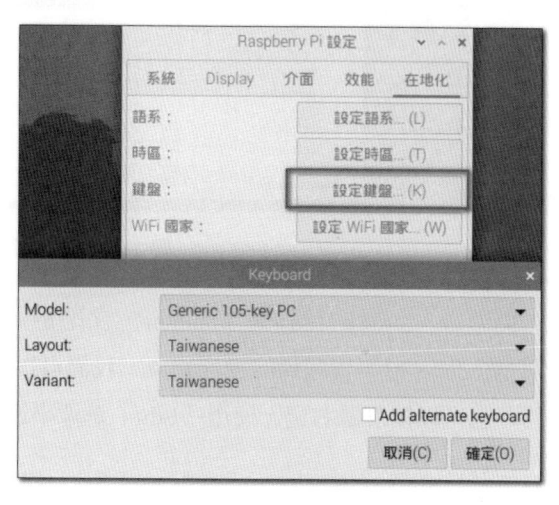

圖 1-19　設定鍵盤

1.6 圖形化檔案管理

在 Bookworm 作業系統中，若我們想要以圖形化介面來管理檔案系統，可以使用檔案管理員。請點選桌面上的「檔案管理程式」圖示，即可執行檔案管理員，如圖 1-20 所示。

圖 1-20　檔案管理員

　　開啟後，預設的目錄是 /home/pi，它是 pi 使用者的家目錄。檔案管理員的操作與 Windows 檔案管理員的操作類似，我們可以從目錄中拖拉檔案或目錄至另一個目錄，也可以按滑鼠右鍵，使用「Edit」選單來複製檔案，並將其貼上至其他位置。

1.7　raspi-config 環境設定

啟動終端機

　　終端機是我們與 Raspberry Pi 互動的主要方式之一。透過終端機，我們可以輸入指令來執行各種操作，例如：檔案管理、系統設定、軟體安裝等。要啟動終端機，可以點選 Raspberry Pi 桌面上方的「終端機」圖示，如圖 1-21 所示。

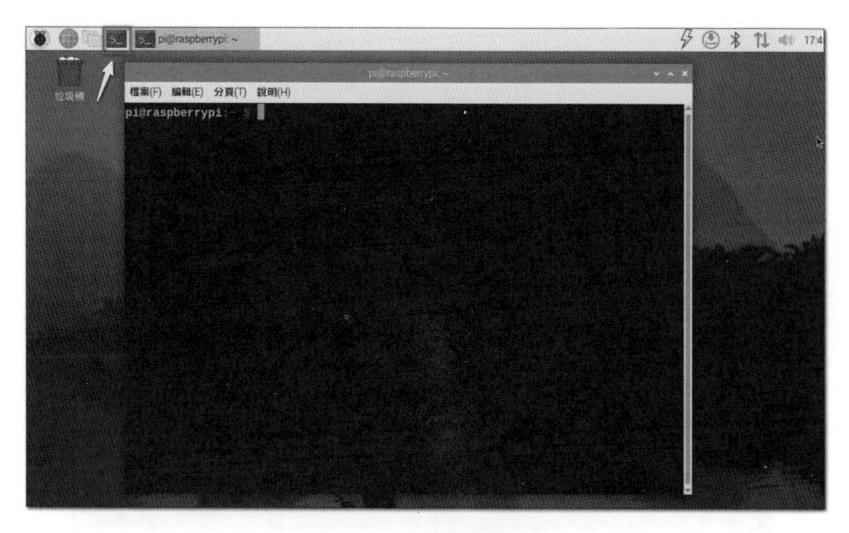

圖 1-21　開啟終端機

我們可在終端機中輸入文字指令來操作 Bookworm 作業系統，若有需要的話，我們也可同時開啟多個終端機來管理 Bookworm 作業系統。

raspi-config 指令

我們可在終端機中輸入「raspi-config」指令，來啟動 Bookworm 環境設定。

```
$ sudo  raspi-config
```

環境設定畫面，如圖 1-22 所示。

Raspberry Pi 5 + AI 創新實踐

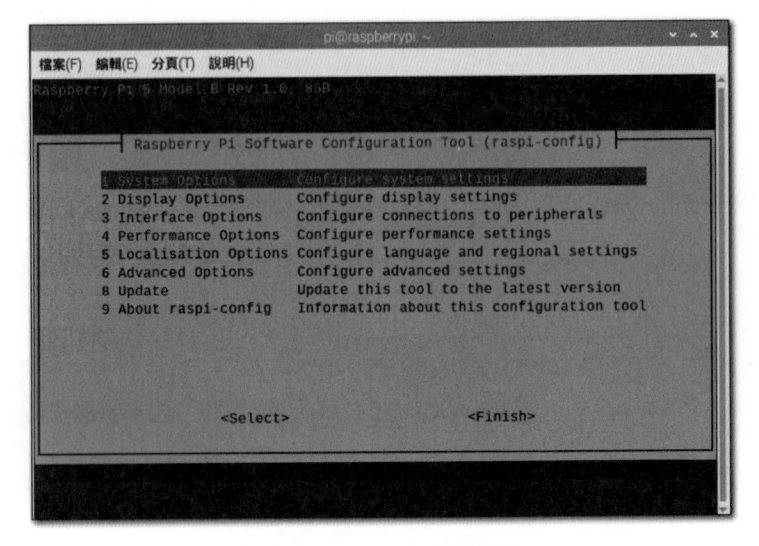

圖 1-22 Raspbian 環境設定

在圖 1-22 的環境設定畫面中，我們可以按 ↑ ↓ 鍵移動游標至想設定的選項。若要離開環境設定畫面，可以按 Tab 鍵，將游標移至「Finish」選項，再按 Enter 鍵，即可離開。

1.8 基本 Linux 指令

在 Raspberry Pi 啟動終端機後，我們可以輸入一些基本 Linux 指令來管理樹莓派。

date 指令

我們可以在終端機中輸入「date」指令，來顯示目前的時間及日期。

```
$ date

out:
西元 2024 年 07 月 24 日（週三）23 時 31 分 26 秒 CST
```

🤖 df 指令

若我們想知道 Raspberry Pi 5 中的 SD 卡還剩多少可使用空間，可以使用 df 指令。

```
$ df -h
```

執行結果，如圖 1-23 所示。

圖 1-23　顯示 SD 卡容量

我們的 SD 卡容量為 64GB，分為多個檔案系統。我們注意到「/dev/mmcblk0p2」那一行的訊息，可看到此儲存空間為 57GB，使用了 4.6GB，還剩 50GB 空間可用。

🤖 free 指令

若我們想顯示目前可用的記憶體總量，可以在終端機中輸入「free」指令。

```
$ free -h
```

執行結果，如圖 1-24 所示。

圖 1-24　顯示可用記憶體容量

由圖 1-24 可知，Raspberry Pi 5 的記憶體容量為 8GB，分為 Mem 及 Swap，Mem 容量為 7.9GB，用掉 565MB，還剩下 6.7GB 可用，其中 Swap 虛擬記憶體大小為 199MB。

😀 exit 指令

若要關閉終端機視窗,可以輸入「exit」指令。

```
$ exit
```

😀 shutdown 指令

我們可以在終端機中輸入「shutdown」指令來關機。若加上「-h now」,表示現在馬上關機。

```
$ sudo shutdown -h now
```

😀 poweroff 指令

我們也可以在終端機中輸入「poweroff」指令來關機。

```
$ poweroff
```

1.9 序列埠登入 Raspberry Pi 5

　　Raspberry Pi 5 的新特色之一,就是有專用的 UART 接頭,可以讓我們無須修改 config.txt,即可從序列埠登入到樹莓派。Raspberry Pi 5 的 UART 接頭,如圖 1-25 所示。

圖 1-25　Raspberry Pi 的 UART 介面

若要從序列埠登入 Raspberry Pi 5，我們首先要準備一條專用的 UART 轉 USB 的連接線，如圖 1-26 所示。

圖 1-26　Raspberry Pi 5 專用的 UART 轉 USB 的連接線

連接線的一端接 Raspberry Pi 的 UART 接頭，另一端和電腦 USB 相接。連接後，開啟 Windows 的裝置管理員，會出現新的 COM 裝置；在本例中，新出現的 COM 裝置為 COM18，如圖 1-27 所示。

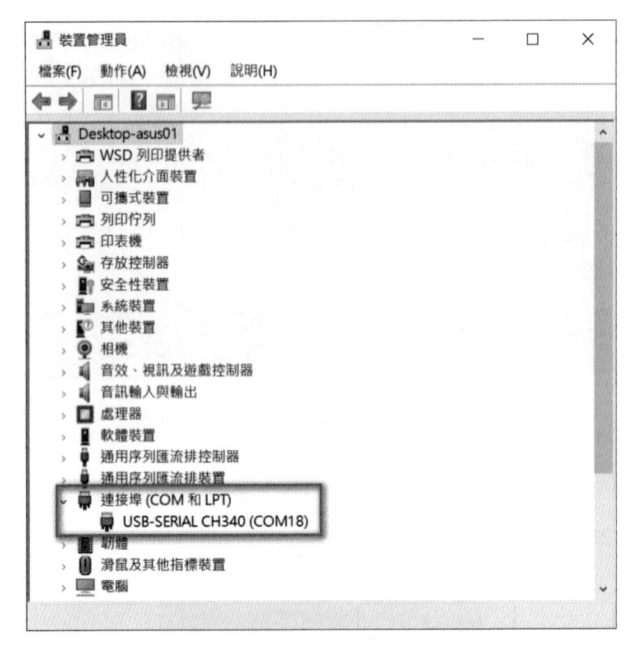

圖 1-27　出現新的 COM18 裝置

😊 下載 MobaXterm

　　MobaXterm 是一套方便好用的終端機軟體，支援 SSH、X11、RDP、VNC、FTP 等多種協定，可協助我們從序列埠登入 Raspberry Pi 5。

　　MobaXterm 有分為免費版和付費版，在此我們下載免費版軟體，下載網址： URL https://mobaxterm.mobatek.net/download-home-edition.html。我們下載的軟體名稱為「MobaXterm_Installer_v24.2.zip」，下載後進行解壓縮及安裝。

😊 使用 MobaXterm

　　我們可使用 MobaXterm 軟體建立一個 Serial Session，以讓我們可從序列埠登入 Raspberry Pi 5，步驟如下：

STEP/ 01　開啟 MobaXterm 軟體，點選軟體上方的「Session」選項，會開啟 Session settings 畫面，如圖 1-28 所示。點選「Serial」標籤，Serail port 選擇「COM18」，Speed (bps) 選擇「115200」，並按下「OK」按鈕。

Chapter 01 安裝與設定 Raspberry Pi 5

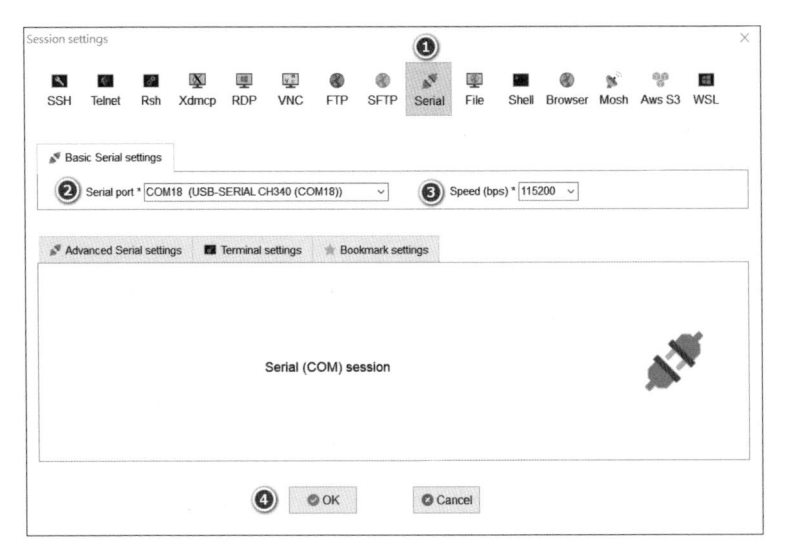

圖 1-28 設定 Serial

STEP/ **02** 回到 MobaXterm 主畫面，接著重新啟動 Raspberry Pi 5。重啟後，即可在 MobaXterm 看到登入訊息，如圖 1-29 所示。

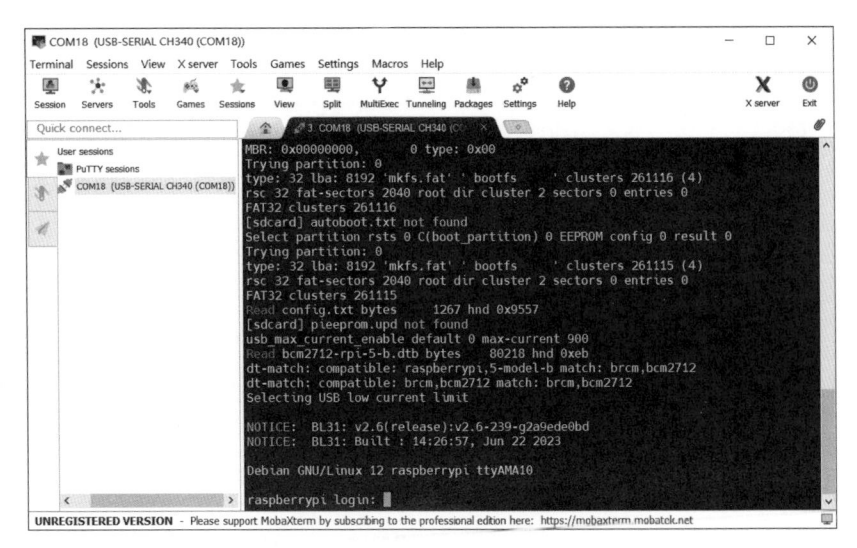

圖 1-29 Serial 登入 Raspberry Pi 5

STEP/ **03** 輸入 Raspberry Pi 5 的帳號及密碼，以登入 Raspberry Pi 5。

021

M・E・M・O

02

Bookworm作業系統

2.1 本章提要

2.2 Linux 檔案系統

2.3 檔案管理指令

2.4 使用 Nano 編輯文字檔案

2.5 目錄管理

2.6 了解檔案權限

2.7 系統管理

2.8 更新作業系統

2.9 尋找及安裝軟體套件

2.10 使用 grim 擷取螢幕畫面

2.11 Shell Script 簡介

2.12 自動執行腳本

2.13 了解 rc-local 服務

2.14 常用的 systemctl 指令

2.1 本章提要

Bookworm（書蟲）是 Raspberry Pi 在 2023 年後採用的作業系統，此版本基於 Debian 12 的作業系統建立而成，所有軟體套件都特地為樹莓派重新編譯。樹莓派基金會也提供 Bookworm 作業系統的映像檔供我們使用，並且維護線上儲存庫，方便我們下載及使用軟體套件。Bookworm 的操作介面簡單易用，第一次接觸 Raspberry Pi 時，一般都會推薦使用 Bookworm 作業系統。

Bookworm 新特性

Raspberry Pi 的 Bookworm 作業系統具有許多新特性，說明如下：

- 採用 Wayland 合成器「Wayfire」作為預設桌面環境，取代了之前作業系統常用的 X11 視訊引擎。
- 以新的 wf-panel-pi 應用程式替換 lxpanel（一款輕量級 X11 桌面面板），加入 gpu 效能和電源外掛。
- 修改 pcmanfm 檔案管理程式，讓其可以在 Wayland 上執行。
- 使用 PipeWire 代替 PulseAudio 作為音訊控制子系統；對音量控制外掛進行各種修改，以支援該子系統。
- 使用 NetworkManager 代替 dhcpcd 作為網路介面；對網路外掛進行各種修改，以支援該功能。
- 增加 Firefox 瀏覽器，讓使用者有更多的瀏覽器選擇。
- 使用 WayVNC 伺服器取代 RealVNC。
- 使用 grim 代替 scrot 作為截圖工具。
- 使用 eom 影像查看器代替 gpicview。
- 使用 evince 檔案查看器代替 qpdfview。
- 執行 Wayland 時，放大鏡程式不可用。Wayfire 包含螢幕縮放功能。
- 將 /boot 掛載點移至 /boot/firmware。

2.2 Linux 檔案系統

Linux 的檔案系統採用階層式的樹狀目錄結構,在此結構中的最上層是根目錄「/」,然後在此根目錄下再建立其他的目錄。當我們在 Linux 安裝完成時,系統便會幫我們建立一些預設的目錄,每個目錄有其特殊的功能,如表 2-1 所示。

表 2-1　Linux 預設目錄

目錄名稱	說明
/	Linux 檔案系統的最上層根目錄。
/bin	存放使用者可執行的指令程式。
/boot	作業系統啟動時所需的檔案。
/dev	周邊裝置檔案目錄。
/etc	有關系統設定與管理的檔案。
/lib	必要的分享函式庫及核心模組。
/home	一般使用者的主目錄。
/mnt	各項裝置的檔案系統掛載點。
/root	管理員的主目錄。
/opt	額外的軟體或套件。
/sbin	必要的系統執行檔。
/tmp	存放暫存檔的目錄。
/usr	存放使用者使用的系統指令和應用程式等資訊。
/var	具變動性質的相關程式目錄。

檔案命名

Linux 的檔案名稱最長可以達到 256 個字元,而這些字元可用 A - Z、0 - 9 或 . _ - 等符號來命名。與 Windows 作業系統相比,Linux 的檔案有一個最大的不同點就是它沒有副檔名的觀念，所以 sample.txt 可能是一個執行檔，而 sample.exe 也有可能是文字檔案。另外，在 Linux 中的檔案名稱是區分大小寫的，所以 sample.txt 和 Sample.txt 是不同的。

2.3 檔案管理指令

在 Raspberry Pi 中，我們可以開啟終端機並輸入指令來管理 Raspberry Pi。

pwd 指令

我們可使用 pwd 指令來顯示目前的工作目錄。

```
$ pwd

out:
/home/pi
```

執行後，目前的工作目錄為 /home/pi，此為使用者 pi 的家目錄。

cd 指令

我們可以在終端機中輸入「cd」指令來改變工作目錄。例如，不管我們目前是在哪個目錄，使用 cd ~ 指令可以切換回家目錄。

```
$ cd ~
$ pwd

out:
/home/pi
```

要回到上一層目錄，可使用 cd .. 指令。

```
$ cd ..
$ pwd


out:
/home
```

使用 cd / 指令,可以回到根目錄。

```
$ cd /
$ pwd


out:
/
```

上述的操作過程,在終端機的畫面如圖 2-1 所示。

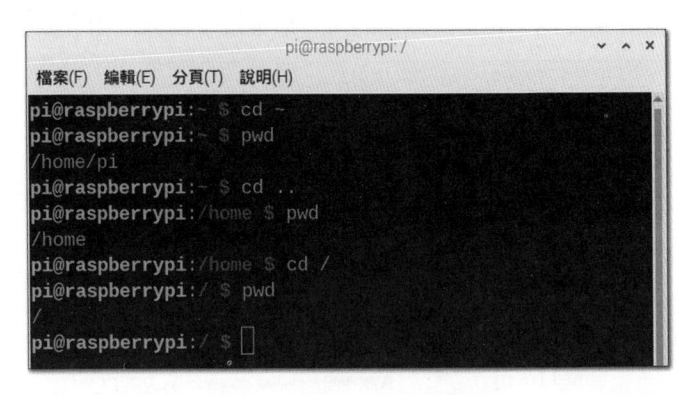

圖 2-1　使用 cd 及 pwd 指令

ls 指令

我們可使用 ls 指令來查看目前目錄下的所有檔案及子目錄。例如,若我們要查看根目錄下的目錄,指令如下:

```
$ cd /
$ ls
```

```
out:
bin     dev   home  lost+found  mnt     proc  run   srv   tmp   var
boot    etc   lib   media               opt   root  sbin  sys   usr
```

使用 ls 指令時，可以加上「*」萬用字元。例如，若我們想查看 /bin 目錄下所有 f 開頭的檔案及子目錄，指令如下：

```
$ cd  /bin
$ ls  f*

out:
f2py        fbset       fdtget      findmnt        fmt
...
```

ls 指令加上「-a」選項，表示查看目前目錄下包含隱藏檔的所有檔案及子目錄。例如，我們想查看家目錄下包含隱藏檔的所有檔案及子目錄，指令如下：

```
$ cd  ~
$ ls  -a

out:
.                   .dotnet         .pki            test.jpg
..                  Downloads       .profile        timelapse.sh
.bash_history       hello2.py       Public          venv_opencv
.bash_logout        hello.py        pygame          venv_opencv2
...
```

執行後，可以看到有「.」開頭的檔案及目錄。在 Linux 中，任何以句點「.」開頭的檔案或目錄都會被視為隱藏檔案。

cp 指令

若要複製檔案，可使用 cp 指令。我們先使用 echo 及 > 指令，將 hello 字串存入 myfile.txt 文字檔中。

```
$ echo "hello" > myfile.txt
```

使用 ls 指令來查看 myfile 開頭的所有檔案。執行後，可以看到我們剛建立的 myfile.txt。

```
$ ls myfile*

out:
myfile.txt
```

接著，我們利用 cp 指令，將 myfile.txt 複製成 myfile2.txt。執行後，以 ls 指令再次查看 myfile 開頭的檔案，可以同時看到 myfile.txt 及 myfile2.txt。

```
$ cp myfile.txt myfile2.txt
$ ls myfile*

out:
myfile.txt    myfile2.txt
```

上述指令的操作，在終端機的畫面如圖 2-2 所示。

圖 2-2　使用 > 及 cp 指令

mv 指令

使用 mv 指令，可以用來搬移檔案或重新命名檔案名稱。例如，若我們想要將 myfile.txt 檔案重新命名為「mytest.txt」，指令如下：

```
$ mv  myfile.txt  mytest.txt
$ ls  mytest*


out:
mytest.txt
```

🤖 rm 指令刪除檔案

使用 rm 指令，可用來刪除檔案。例如，若我們想刪除家目錄下的 mytest.txt，指令如下：

```
$ cd ~
$ rm  mytest.txt
```

若要刪除目錄中的多個檔案，可使用「*」萬用字元。例如，若我們想刪除目前目錄中檔案有「.txt」字元的所有檔案，指令如下：

```
$ rm  *.txt
```

2.4　使用 Nano 編輯文字檔案

在 Raspberry Pi 中，若我們想在終端機中編輯文字檔案，可以啟動 Nano 編輯器。啟動方式是在終端機中輸入「nano」指令，後面再加上想編輯的檔案名稱或檔案路徑。

例如，若我們想編輯一個名為「myfile.txt」的文字檔，指令如下：

```
$ nano  myfile.txt
```

啟動後的畫面，如圖 2-3 所示。

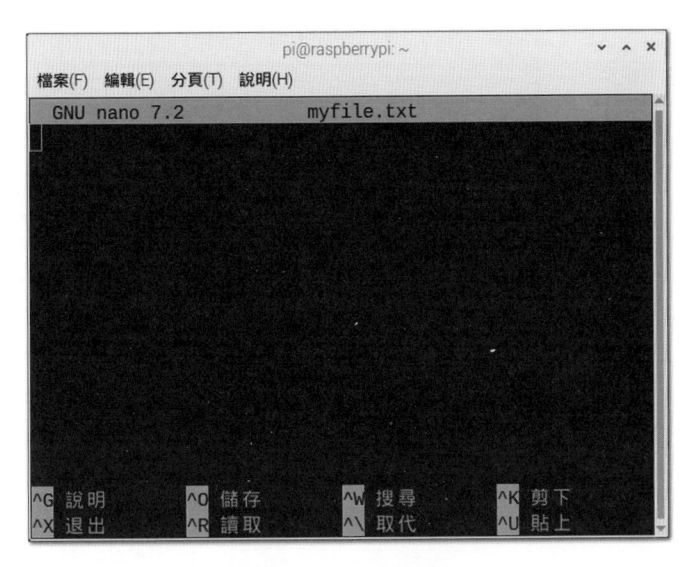

圖 2-3　nano 編輯畫面

編輯文字內容時，無法使用滑鼠來移動游標，只能用方向鍵來移動。螢幕的下方列出了一些可使用的指令。要使用這些指令，則先按住 Ctrl 鍵，再按下指示的字母即可。常用的指令說明如下：

檔案處理

表 2-2　檔案處理指令

指令	說明
Ctrl + S	儲存目前檔案。
Ctrl + O	另存檔案。
Ctrl + R	將檔案插入目前檔案中。
Ctrl + X	離開，同時會提示你離開前要儲存檔案，一般我們會按 Y 鍵來確認儲存動作。

編輯

表 2-3 編輯指令

指令	說明
Ctrl + K	將目前行剪下至剪貼簿。
Ctrl + U	貼上剪貼簿內容。
Alt + 3	註解或取消註解了行/區域。
Alt + U	撤銷上一個動作。
Alt + E	重做上次撤銷的操作。
Ctrl + V	將游標移到下一頁。
Ctrl + Y	將游標移到上一頁。

複製及貼上

在 Nano 中,若要進行複製及貼上,步驟如下:

STEP/ 01 將游標移到要複製的文字的開頭。

STEP/ 02 按下 Ctrl + 6 鍵,標記選擇的開始。

STEP/ 03 將游標移到要複製的文字末尾。

STEP/ 04 按下 Alt + 6 鍵,將所選文字複製到剪貼簿。

STEP/ 05 將游標移到要貼上文字的位置。

STEP/ 06 按下 Ctrl + U 鍵貼上剪貼簿中的內容。

搜尋及替換

表 2-4 搜尋及替換指令

指令	說明
Ctrl + Q	開始向後搜尋。
Ctrl + W	開始向前搜尋。

指令	說明
Alt + Q	向後找出下一個出現的位置。
Alt + W	向前找出下一個出現的位置。

現在輸入一些文字內容，如：

```
This is a test.
```

輸入完後，按 Ctrl + X 鍵，再按 Y 及 Enter 鍵，就可以儲存檔案並離開 nano。

cat / more 指令

在 Linux 作業系統中，若我們要在終端機中查看文字檔的內容，可使用 cat 或 more 指令。其中，cat 指令會顯示文字檔的所有內容，而 more 指令會先顯示一頁的內容，若有下一頁的內容，可以按 Space 鍵繼續。

例如，若要查看 myfile.txt 文字檔內容，指令如下：

```
$ cat myfile.txt

out:
This is a test.
```

以 > 及 echo 指令來建立文字檔

若只是一個內容很簡單的文字檔，我們可以不用啟動 nano 編輯器，直接使用 > 及 echo 指令，將命令列內容重新導向至檔案中。

例如，若我們想將「Hello World」字串重新導向至 test.txt 檔案中，並使用 more 指令來查看文字檔，指令如下：

```
$ echo "Hello World" > test.txt
$ more test.txt
```

```
out:
Hello World
```
（按 q 鍵離開）

2.5 目錄管理

🤖 mkdir 指令

我們可使用 mkdir 指令來建立目錄。例如，若我們要在家目錄下建立一個名為「my_dir」的目錄，指令如下：

```
$ cd ~
$ mkdir  my_dir
```

建立目錄後，進入建立的目錄，再新增 test.txt 文字檔。

```
$ cd  my_dir
$ echo "Hello World" > test.txt
$ ls

out:
test.txt
```

🤖 rm 指令刪除目錄

若要刪除目錄中的所有檔案及其子目錄中的內容，可使用 rm -r 指令。例如，假設目前在 my_dir 目錄下，若我們要刪除 my_dir 目錄及其 test.txt 檔案，須先回到上一層目錄，再執行 rm 指令。

```
$ cd  ..
$ rm  -r  my_dir
```

上述的操作過程，在終端機的畫面如圖 2-4 所示。

圖 2-4　建立及刪除子目錄

2.6　了解檔案權限

在 Linux 系統中，每一個 Linux 檔案都具有四種存取權限：①可讀取（r，Readable）、②可寫入（w，Writable）、③可執行（x，eXecute）、④無權限（-）。管理者必須依據使用者的需求，授予各個檔案不同的權限。

ls -l 指令

我們可使用 Linux 的 ls -l 指令來檢視檔案的詳細清單，如圖 2-5 所示。

圖 2-5　檢視檔案權限

在圖 2-5 中，我們可以發現到執行 ls –l 指令後會列出 7 個欄位，各個欄位說明如表 2-5 所示。

表 2-5　ls -l 欄位說明

欄位	說明	範例
1	使用權限。	-rw--r--r--
2	檔案數量。	1
3	擁有者。	pi
4	群組。	pi
5	檔案大小。	17
6	檔案建立時間。	8 月 2 日 11:12
7	檔案名稱。	myfile.txt

檔案權限格式

表 2-5 中的第一個欄位代表檔案的使用權限，此欄位由 10 個字元所組成，格式如下：

表 2-6　檔案權限格式

字元	1	2	3	4	5	6	7	8	9	10
值	-	r	w	x	r	w	x	r	W	x
		擁有者			群組			其他使用者		

上述格式的意義為：

❏ 字元 1：表示檔案的型態，「-」表示檔案，「d」表示目錄，「l」表示連結檔案。
❏ 字元 2、3、4：表示「檔案擁有者」的存取權限。
❏ 字元 5、6、7：表示檔案擁有者「所屬群組成員」的存取權限。
❏ 字元 8、9、10：表示「其他使用者」的存取權限。

例如，檔案權限「-rwxr-xr--」的代表意義為：
- 這是一個檔案。
- 擁有者具有讀取、寫入和執行的存取權限。
- 群組具有讀取、執行的存取權限。
- 其他使用者具有讀取的權限。

chmod 指令

在 Linux 中，我們可使用 chmod 指令配合數字，來修改檔案或目錄的存取權限。數字法的意義為：
- 讀取（r）以 4 表示。
- 寫入（w）以 2 表示。
- 執行（x）以 1 表示。
- 沒有授予的部分就以 0 表示。

使用 chmod 指令配合數字來修改檔案存取權限，範例如下：

表 2-7 檔案存取權限範例

權限	轉換	數字表示法
rwx-rw-r-x	(421)(420)(401)	765
rw-r--r--	(420)(400)(400)	644

所以，若我們要將 test.txt 檔案的存取權限設為「-rw-r--r--」，指令如下：

```
$ chmod 664 test.txt
```

我們也可以在 chmod 指令中，使用文字來更改檔案的權限。使用範例說明如下：

表 2-8 使用範例說明

範例	說明
chmod u=rwx file1	file1 檔案的擁有者權限為 rwx。

範例	說明
chmod g=rwx file1	file1 檔案的群組權限為 rwx。
chmod o=rwx file1	file1 檔案的其他使用者權限為 rwx。
chmod u-x file1	刪除 file1 檔案擁有者的 x 權限，其中「-x」的減號表示刪除的意思。
chmod ug=rwx file1	同時將 file1 擁有者及群組的權限設為 rwx。
chmod ug+x file1	同時增加 file1 檔案擁有者及群組的 x 權限。

chown 指令

在 Linux 中，若我們要變更檔案的擁有者與群組，可使用 chown 指令。例如，若我們要將 myfile.txt 檔案的擁有者變更為 pi，指令如下：

```
$ chown pi myfile.txt
```

若要將 myfile.txt 檔案的擁有者更改為 root，但檔案群組變更為 pi，指令如下：

```
$ chown root:pi myfile.txt
```

2.7 系統管理

sudo 指令

當我們在終端機中輸入指令時，有時會發現無法正常工作。例如，輸入「apt update」來更新套件的最新資訊及列表，會出現以下的訊息：

```
$ apt update

out:
```

```
正在讀取套件清單 ... 完成
E: 無法開啟鎖定檔 /var/lib/apt/lists/lock - open (13: 拒絕不符權限的操作 )
...
```

它告訴我們：拒絕不符權限的操作，要有超級使用者 root 的權限才行。此時只要使用 sudo 指令，即可讓我們具備超級使用者權限來執行工作。

```
$ sudo apt update
```

passwd 指令

在我們燒錄 Raspberry Pi 的映像檔時，預設的使用者帳號是「pi」，假設預設的密碼是「111111」，若我們想改變密碼，可使用 passwd 指令。

```
$ passwd

out:
正在更改 pi 的 STRESS 密碼。
目前密碼：( 輸入 111111)
新密碼：  ( 輸入新密碼 )
再次輸入新的密碼：( 再次輸入新密碼 )
passwd：密碼成功變更
```

執行 passwd 指令時，會提示我們輸入目前密碼，再輸入新密碼二次，即可改變密碼。

2.8 更新作業系統

安裝好 Raspberry Pi 的作業系統，一段時間後，若我們想更新作業系統，可使用 apt 指令。apt（Advanced Package Tool）是一種工具，可用來安裝或移除 Debian 系統中的軟體，在 Raspberry Pi 中，也是使用 apt 工具來更新系統中的軟體。

更新作業系統前，請先確認我們的 Raspberry Pi 5 已連上網路。若你想進一步了解網路連線的資訊，可以參考本書第 3 章的介紹。

😊 apt update 指令

使用 apt update 指令，可以用來更新 Raspberry Pi 的套件清單。

```
$ sudo apt update
```

執行後，會上網檢查 Raspberry Pi 軟體儲存庫，取得最新的套件資訊，並進行套件清單的更新，以確保我們的 Raspberry Pi 系統知道有哪些軟體可以更新，但不會實際安裝任何新的升級套件。

😊 apt upgrade 指令

使用 apt upgrade 指令，可以用來升級系統中已安裝的套件。

```
$ sudo apt upgrade
```

指令執行後，會找出目前已安裝套件的最新版本，升級套件至最新版本，並處理套件的相依問題。

更新完成後，需要重啟 Raspberry Pi，以確保 Raspberry Pi 的作業系統使用最新的升級套件。

```
$ sudo reboot
```

😊 rpi-update 指令

rpi-update 是一個用於更新 Raspberry Pi 韌體的工具，它會下載最新預發布版本的 Linux 核心、相應的模組、裝置樹檔案以及最新版本的韌體。這個工具主要用於開發者和測試者，因為它會安裝最新的測試版韌體，但這些版本可能不如穩定版那麼可靠。

確認你是否有需要更新 Raspberry Pi 5 的韌體，若有需要，指令如下：

```
$ sudo rpi-update
```

2.9 尋找及安裝軟體套件

有時我們想在 Raspberry Pi 5 中加入軟體套件。例如，有一套名為「fortune」的軟體，執行後會隨機出現激勵人心的訊息，若我們想安裝這個軟體，可以先尋找軟體套件，再安裝它。

要尋找軟體套件，我們先更新軟體套件資料庫。

```
$ sudo apt update
```

apt-cache 指令

更新完軟體的最新訊息及列表後，我們可使用 apt-cache 指令來尋找軟體套件資料庫中的套件。例如，若我們要尋找有 fortune 關鍵字的軟體套件，指令如下：

```
$ apt-cache search --names-only fortune
out:
fortune-anarchism - anarchist quotes for fortune
...
fortunes-zh - Chinese Data files for fortune
...
```

執行後，找到一些軟體套件，我們注意到其中有 fortunes-zh 套件，它是含有中文資料的套件軟體。

🤖 apt show 指令

若我們想進一步查看 fortunes-zh 套件的詳細訊息,可使用 apt show 指令。

```
$ sudo apt show fortunes-zh

out:
Package: fortunes-zh
Version: 2.98
Priority: optional
Section: games
Source: fortune-zh
...
```

🤖 apt install 指令

若我們想安裝 fortunes-zh 軟體套件,可使用 apt install 指令。

```
$ sudo apt install -y fortunes-zh
```

安裝好後,即可執行 fortunes-zh 這個軟體,指令如下。執行後,可以隨機顯示一些激勵人心的訊息。

```
$ fortune

out:
一馬不配兩鞍,一腳難踏兩船。
    --《諺語》
```

🤖 apt list 指令

若我們想查看目前是否已安裝 fortunes-zh 的軟體套件,可使用 apt list 指令,並加入「--installed」選項(表示已安裝的套件)。

```
$ sudo apt list --installed fortunes-zh

out:
fortunes-zh/stable,stable,now 2.98 all [installed]
```

🤖 apt remove 指令

使用 apt 指令安裝軟體套件後，若我們想要移除軟體套件，可使用 apt remove 指令。例如，下列指令在執行後，可以移除 fortunes-zh 軟體套件。

```
$ sudo apt remove fortunes-zh
```

2.10 使用 grim 擷取螢幕畫面

grim 軟體是一款截圖工具，可以讓我們擷取 Rapsberry Pi 的螢幕畫面，並將擷取的影像存檔，此軟體已安裝於 Bookworm 作業系統中。

若我們想查看一下 grim 工具的用法，指令如下：

```
$ grim -h
```

🤖 全螢幕截圖

直接執行 grim 指令，即可進行全螢幕的截圖。

```
$ grim
```

執行後，會擷取一個全螢幕畫面，並將其儲存在 /home/pi/Pictures 目錄中。我們可以點選「檔案管理程式」圖示，進入 Pictures 目錄來查看此檔案，如圖 2-6 所示。

圖 2-6　以檔案管理員查看擷取的畫面

　　grim 軟體會自動為擷取到的畫面給一個預設檔名，檔名格式為「系統日期_系統時間_grim.png」，如在圖 2-6 中看到檔名為「20240826_17h12m12s_grim .png」的圖檔，在此檔案按二下，即可查看擷取的畫面。

　　若要指定儲存位置，像是將擷取到的畫面儲存在 /home/pi 工作目錄中，並指定檔名為「img01.png」，指令如下：

```
$ grim  /home/pi/img01.png
```

延時擷取畫面

　　若我們想先延時 5 秒再擷取畫面，指令如下：

```
$ sleep 5; grim
```

　　延時 5 秒，可以讓我們做一些事，如關閉不必要的視窗、開啟想擷取的程式畫面等。

以滑鼠擷取畫面

若我們想以滑鼠選取截圖範圍，則需要與 slurp 套件配合使用。我們先安裝 slurp 套件，指令如下：

```
$ sudo apt update
$ sudo apt install slurp
```

安裝好 slurp 套件後，即可使用下列指令，以滑鼠進行區域截圖。

```
$ grim -g "$(slurp)"
```

執行指令後，會等待我們以滑鼠選取範圍，如圖 2-7 所示。選取範圍後，即會啟動自動擷取畫面，並將其存檔。

圖 2-7　以滑鼠進行區域截圖

指定起始座標進行區域截圖

我們也可以指定畫面的起始座標（如 100, 200）及範圍（如 300×400）來進行區域截圖，指令如下：

```
$ grim -g "100,200 300x400"
```

2.11 Shell Script 簡介

🤖 Shell

Shell 是我們與 Linux 系統互動的介面，我們可以在這個介面上輸入指令，讓 Linux 作業系統去執行指令動作。Linux 標準的 Shell 為 bash（Bourne Again Shell），其檔案路徑為 /bin/bash。在 Linux 終端機中，可使用下列指令來查詢目前使用的 Shell：

```
# echo  $SHELL

out:
/bin/bash
```

🤖 Shell Script

Shell Script 是使用 Shell 所提供的語法撰寫的 Script。Script 語言的特色是編寫成文字檔後，不需要事先編譯，而是在執行時直接解譯每一行的程式內容。

🤖 編寫 Shell Script

我們以一個範例來說明編寫 Shell Script 的步驟。

STEP/ **01** 輸入下列指令，編寫一個名為「sh01」的 Shell Script。

```
$ nano   sh01
```

STEP/ **02** 輸入 sh01 檔案內容。

```
#!/bin/bash
#This Line is a comment
echo   -n  "Date:"
date
```

```
echo -e "File list: \n"
ls -l
```

STEP/ 03 輸入完後，按 Ctrl + X 鍵，再按 Y 及 Enter 鍵，以儲存檔案及離開 nano。離開後，修改 sh01 的檔案權限，產生可執行的 Script。

```
$ chmod u+x sh01
```

STEP/ 04 執行 Script，指令如下：

```
$ ./sh01

out:
Date: 西元 2024 年 08 月 02 日（週五）14 時 52 分 21 秒 CST
File list:

總用量 20944
-rw-r--r-- 1 pi pi 1417952  8 月  2 12:45 2024-08-02-124522_1920x1080_scrot.png
....
```

STEP/ 05 執行後，會在終端機畫面上顯示目前的系統時間及目前目錄下的檔案列表。

sh01 檔案說明

表 2-9　sh01 檔案說明

指令	說明
#!/bin/bash	宣告這個檔案內的語法使用 bash 的語法。當程式被執行時，能夠載入 bash 的相關環境設定檔，並且執行 bash 來使我們底下的指令能夠執行。
#（註解）	腳本中除「#!」之外，以「#」開頭的都是註解。
echo -n 訊息	顯示訊息時不換行。
echo -e 訊息	顯示訊息時使用跳脫字元（\n）。

2.12 自動執行腳本

若我們想在 Raspberry Pi 啟動時自動執行程式，可以修改 /etc/rc.local 文字檔，加入我們想執行的程式或腳本。

建立腳本

STEP/ **01** 我們先編寫一個名為「sh02.sh」的 Shell Script。

```
$ nano  sh02.sh
```

STEP/ **02** 輸入 sh02.sh 檔案內容。

```
#! /bin/bash
echo "Hello, World"

# 顯示系統時間
today=$(date +'%Y-%m-%d %H:%M:%S')
echo "$today"

# 將字串附加至 /hoem/pi/example.txt
echo "Startup. $today" >> /home/pi/example.txt
exit 0
```

STEP/ **03** 輸入完後，按 Ctrl + X 鍵，再按 Y 及 Enter 鍵，以儲存腳本及離開 nano。接著，我們修改 sh02.sh 的檔案權限，產生可執行的 Script。

```
$ chmod   u+x   sh02.sh
```

STEP/ **04** 執行 Script，指令如下：

```
$ ./sh02.sh
```

```
out:

Hello, World
2024-08-02 22:12:48
```

STEP/ **05** 執行後,會顯示「Hello, World」及系統時間訊息,並將系統時間附加至 /home/pi/example.txt 檔案中。我們可使用下列指令來查看 example.txt 的內容。

```
$ cat  example.txt
out: Startup. 2024-08-02 22:12:48
```

編輯 /etc/rc.local 檔

STEP/ **01** 建立好 sh02.sh 腳本後,若我們希望 Raspberry Pi 開機時自動執行此腳本,可以編輯 /etc/rc.local 檔案,指令如下:

```
$ sudo  nano  /etc/rc.local
```

STEP/ **02** 請將下列敘述加入至檔案內容 exit 0 敘述的上方。

```
/home/pi/sh02.sh
```

STEP/ **03** 編輯後的畫面,如圖 2-8 所示。

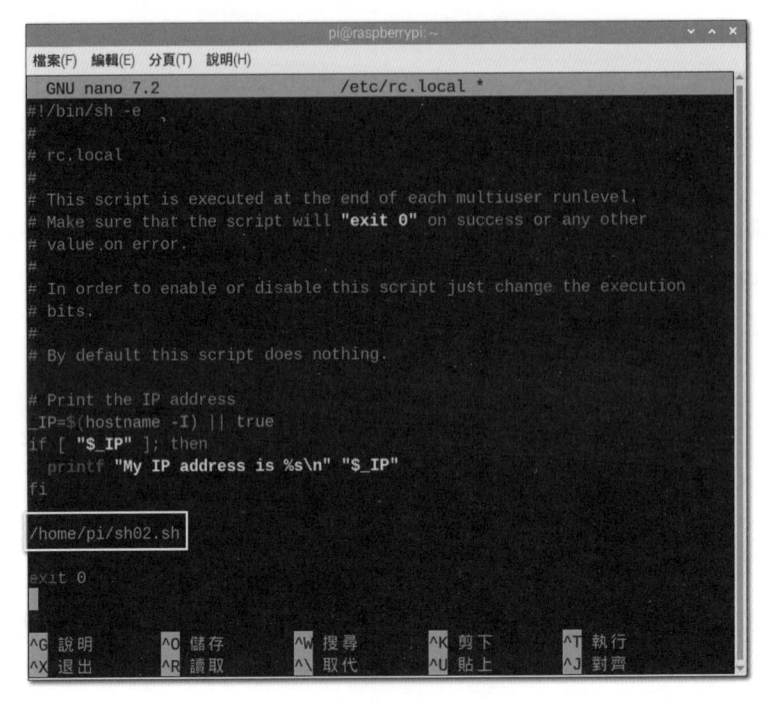

圖 2-8　編輯 /etc/rc.local

STEP/ 04 輸入完後，按 Ctrl + X 鍵，再按 Y 及 Enter 鍵，以儲存檔案及離開 nano。接著，請重啟 Raspberry Pi 5；重啟後，即會自動執行 /home/pi/sh02.sh 程式。我們可查看 /home/pi/example.txt 的內容，看看是否有最新的開機系統時間，附加在檔案內容的後面。

2.13　了解 rc-local 服務

　　Raspberry Pi 5 之所以可在開機後自動執行 /etc/rc.local 檔案，是因為在開機時會執行 rc-local 服務，而在此服務中又會執行 /etc/rc.local 檔案。要了解 rc-local 服務，我們先介紹 systemd 及服務單元的基本觀念。

🤖 systemd

systemd 是一個用於 Linux 作業系統的初始化系統和服務管理器。systemd 不只可以並行啟動 Linux 系統服務，且可以管理服務之間的依賴關係，以確保服務可以依正確的順序啟動。

🤖 rc-local 服務單元

在 systemd 中，每個服務被稱為「單元」（unit），最常見的是以「.service」結尾的系統服務。系統服務單元是一個文字檔案，一般會存放在 /lib/systemd/system/ 目錄中，而自行定義的 systmed 單元通常存放在 /etc/systemd/system 目錄下。

我們可使用 cat 指令來查看 rc-local 服務單元。

```
$ cat /lib/systemd/system/rc-local.service
```

查看結果如下：

```
[Unit]
Description=/etc/rc.local Compatibility
Documentation=man:systemd-rc-local-generator(8)
ConditionFileIsExecutable=/etc/rc.local
After=network.target, network-online.target

[Service]
Type=forking
ExecStart=/etc/rc.local start
TimeoutSec=0
RemainAfterExit=yes
GuessMainPID=no

[Install]
WantedBy=multi-user.target
```

服務單元包含多個部分，每個部分由標題和一組鍵值對組成。rc-local 服務單元的主要部分說明如下：

表 2-10　服務單元說明

主要部分	說明
[Unit]	描述服務單元的基本資訊。
[Service]	定義服務的行為，如啟動命令、重啟策略等。
ExecStart=/etc/rc.local start 敘述	表示在服務啟動後，會執行 /etc/rc.local 檔案。
[Install]	指定服務的安裝資訊，如是否開機自動啟動。
WantedBy=multi-user.target	指定該服務應該在多使用者模式下啟動。

查看 rc-local 服務的狀態

systemctl 是一個用於管理 systemd 系統和服務管理器的命令列工具，它提供了一個統一的方式來控制和監控 Linux 系統中的各種服務。

我們可使用 systemctl status 指令來查看 rc-local 服務的狀態。

```
$ systemctl status rc-local
```

執行結果，如圖 2-9 所示。由圖 2-9 可知，rc-local 服務的狀態為 active (exited)，表示正在運作中，而在執行訊息中可看到 sh02.sh 的 echo 訊息：「Hello, World」字串以及啟動服務時的系統時間。

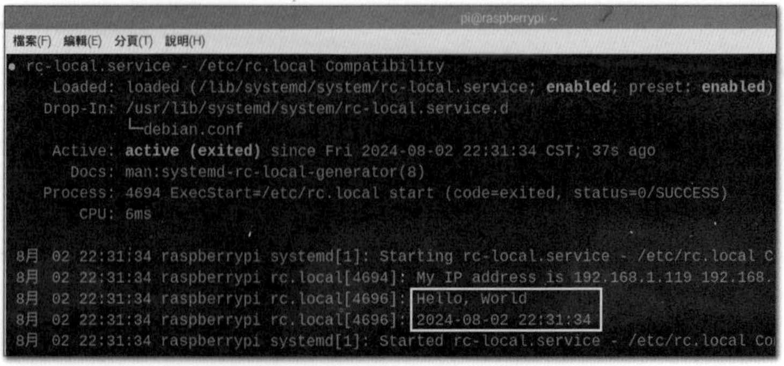

圖 2-9　查看 rc-local 服務的狀態

2.14 常用的 systemctl 指令

除了可使用 systemctl status 指令來查看 rc-local 服務的狀態，systemctl 還有一些常用指令，說明如下：

systemctl stop 指令

若要停止 rc-local 服務，可使用 systemctl stop 指令。

```
$ sudo systemctl stop rc-local
```

停止後，若我們再以 systemctl status 指令來查看 rc-local 服務的狀態，可以發現目前的服務狀態為 inactive (dead)，表示目前並沒有在執行中。

systemctl start 指令

若想讓停止運作的 rc-local 服務再次啟動，可使用 stystemctl start 指令。

```
$ sudo systemctl start rc-local
```

systemctl restart 指令

我們也可使用 systemctl restart 指令來重新啟動 rc-local 服務。

```
$ sudo systemctl restart rc-local
```

systemctl disable 指令

rc-local 服務預設會在 Raspberry Pi 開機後自動啟動。若想取消此功能，可使用 systemctl disable 指令。

```
$ sudo systemctl disable rc-local
```

systemctl enable 指令

若想將 rc-local 服務恢復為開機自動啟動，可使用 systemctl enable 指令。

```
$ sudo systemctl enable rc-local
```

03
Raspberry Pi 連上網路

3.1 查看 IP 位址、閘道器及 DNS
3.2 圖形介面設定靜態 IP 位址
3.3 終端機設定靜態 IP 位址
3.4 圖形介面設定 Wi-Fi
3.5 設定 Wi-Fi 靜態 IP 位址
3.6 啟用 SSH
3.7 Linux 主機 SSH 遠端存取 Pi
3.8 Windows 主機 SSH 遠端連結 Pi
3.9 使用 SFTP 進行檔案交換
3.10 Windows 主機 VNC 遠端連結 Pi

3.1 查看 IP 位址、閘道器及 DNS

我們可將網路線插入 Raspberry Pi 的 RJ45 插槽，再將網路線的另一頭插入家中的路由器，即可完成 Raspberry Pi 的網路連線。

🤖 hostname -I 指令

hostname -I 指令會回傳一個空格分隔的 IP 位址列表，這些位址是分配給 Raspberry Pi 的所有網路介面，但不包括迴路位址 127.0.0.1。若我們想要知道 Raspberry Pi 的 IP 位址列表，指令如下：

```
$ hostname  -I

out:
192.168.1.119 2401:e180:8881:489c:61fd:db57:b182:e443
```

其中，192.168.1.119 為筆者 Raspberry Pi 5 的有線網路的 IP 位址。

🤖 ip addr 指令

除了使用 hostname 查看 IP 位址外，也可使用 ip addr 指令來查看 IP 位址列表。

```
$ ip  addr

out:
2: eth0: <BROADCAST,MULTICAST,UP,LOWER_UP> mtu 1500 qdisc pfifo_fast state UP group default qlen 1000
    link/ether 2c:cf:67:27:90:40 brd ff:ff:ff:ff:ff:ff
    inet 192.168.1.119/24 brd 192.168.1.255 scope global dynamic noprefixroute eth0
...
```

其中，eth0 為 Raspberry Pi 的有線網路介面。除了可以看到網路 IP 位址外，還可以看到 dynamic 關鍵字，表示目前的 IP 位址為由 dhcp 分配的動態 IP 位址。

🤖 route 指令

閘道器是連接二個以上個別網路的裝置，決定資料封包傳輸的路徑，用來連接桌上型電腦、印表機、Raspberry Pi 等連網裝置。在 Linux 中，我們可使用 route 指令來查看網路的閘道器。

```
$ route  -n
```

執行結果，如圖 3-1 所示。

```
pi@raspberrypi:~ $ route -n
Kernel IP routing table
Destination     Gateway         Genmask         Flags Metric Ref    Use Iface
0.0.0.0         192.168.1.1     0.0.0.0         UG    100    0        0 eth0
192.168.1.0     0.0.0.0         255.255.255.0   U     100    0        0 eth0
```

圖 3-1　查看網路閘道器及網路遮罩

由圖 3-1 的 Gateway 欄位，可看到筆者的網路閘道器是 192.168.1.1，而由 Genmask 欄位，可看到網路遮罩是 255.255.255.0。

🤖 ip route 指令

除了使用 route 指令查看路由表之外，也可使用 ip route 指令來查看網路的閘道器。使用範例如下：

```
$ ip route  |  grep default

out:
default via 192.168.1.1 dev eth0 proto dhcp src 192.168.1.119 metric 100
```

其中，192.168.1.1 為筆者 Raspberry Pi 5 有線網路連接的閘道器。同時，可以看到目前是以 dhcp 方式取得網路 IP 位址。

查看 DNS Server

DNS（Domain Name System）如同網際網路的電話簿，當我們在網路瀏覽器中輸入網域名稱，如 www.google.com，DNS 會負責將其轉換為正確的 IP 位址。

在 Raspberry Pi 中，若我們要取得目前的 DNS 伺服器，可以開啟 resolv.conf 設定檔，指令如下：

```
$ sudo nano /etc/resolv.conf
```

檔案內容如下：

```
# Generated by NetworkManager
nameserver 192.168.1.1
...
```

其中，nameserver 那一行的 192.168.1.1，即為筆者 Raspberry Pi 5 有線網路連接的 DNS Server。

3.2 圖形介面設定靜態 IP 位址

Raspberry Pi 預設會透過動態主機設定協定（DHCP）自動取得 IP 位址，所以每次開機後的 IP 位址不會固定。若我們想要每次開機後得到固定的 IP 位址，則需要為 Raspberry Pi 設定靜態 IP 位址。使用 Raspberry Pi 的桌面圖形介面，可讓我們很容易設定靜態 IP 位址，設定步驟如下：

STEP/ **01** 點選桌面上方的「網路連線」圖示，選擇「Advanced Options」，再點選「編輯連線」選項。

STEP/ **02** 出現圖 3-2 的畫面，可針對 Wi-Fi 及有線網路編輯連線，在此我們先編輯有線網路連線，按二下「Wired connection 1」。

Chapter 03　Raspberry Pi 連上網路

圖 3-2　選擇「Wired connection 1」

STEP/ 03　出現圖 3-3 的畫面，選擇「IPV4 設定」標籤，Method 改為「手動」，再點選「Add」按鈕，加入靜態 IP 位址、網路遮罩、閘道器，接著輸入 DNS 伺服器位址，並按下「儲存」按鈕。

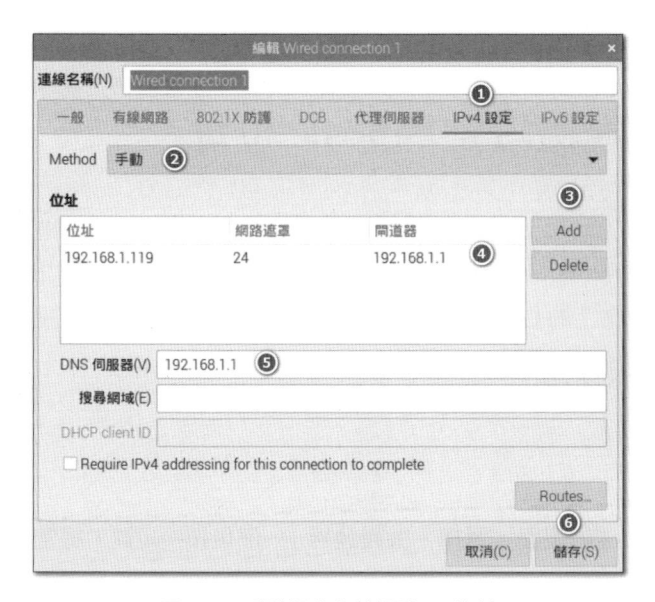

圖 3-3　手動設定有線網路 IP 位址

STEP/ **04** 為了讓我們的變更生效,我們需要重啟網路管理員服務,指令如下:

```
$ sudo systemctl restart NetworkManger
```

STEP/ **05** 重啟服務後,即可完成靜態網路 IP 位址的設定。我們可使用 ip addr 指令來查看 eth0 的網路設定。

```
$ ip addr show eth0

out:
eht0:
...
inet 192.168.1.119/24 brd 192.168.1.255 scope global noprefixroute eth0
...
```

除了可以看到我們設定的 IP 位址外,還可以看到 global 關鍵字,表示目前的 IP 為靜態 IP 位址。

3.3 終端機設定靜態 IP 位址

若我們要在終端機中設定 Raspberry Pi 的靜態 IP 位址,則可使用 nmtui 指令,此指令會開啟基於文字的 GUI 畫面,以方便我們設定靜態 IP 位址。設定步驟如下:

STEP/ **01** 執行 nmtui 指令。

```
$ nmtui
```

STEP/ **02** 出現圖 3-4 的畫面,選擇「編輯連線」,然後按 Tab 鍵,將游標移到「確定」並按 Enter 鍵。

Chapter 03 Raspberry Pi 連上網路

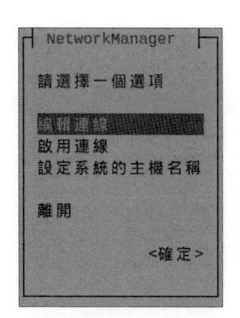

圖 3-4 選擇「編輯連線」

STEP/ **03** 出現圖 3-5 的畫面，選擇「Wired connection 1」並按 Enter 鍵。

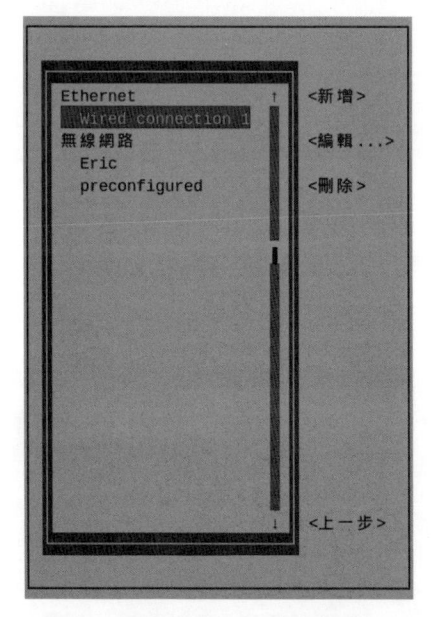

圖 3-5 選擇「Wired connection 1」

STEP/ **04** 出現圖 3-6 的畫面，按 Tab 鍵，將游標移到 IPv4 配置選項，將「自動」改為「手動」，再將游標移到「顯示」並按 Enter 鍵。

061

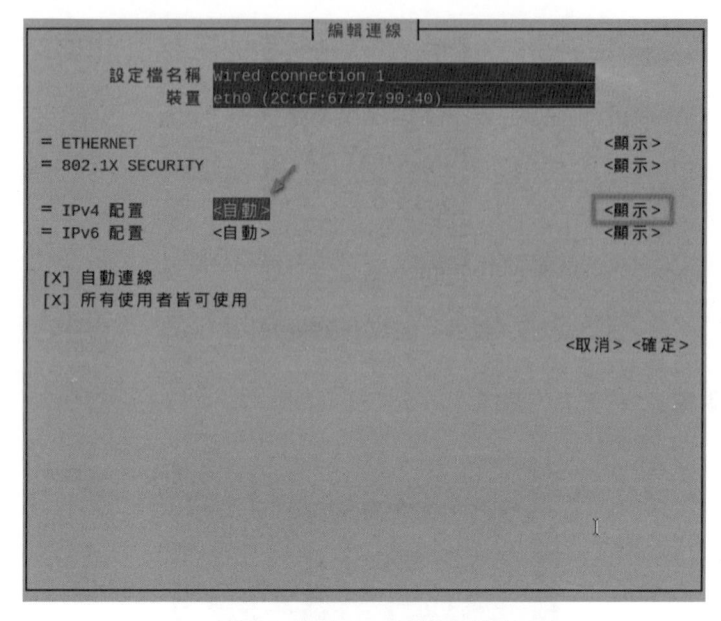

圖 3-6　設定 IPv4 配置為手動

STEP/ **05** 出現圖 3-7 的畫面，輸入 IP 位址、閘道器位址以及 DNS 伺服器位址。輸入完成後，按 Tab 鍵，將游標移到「確定」並按 Enter 鍵。

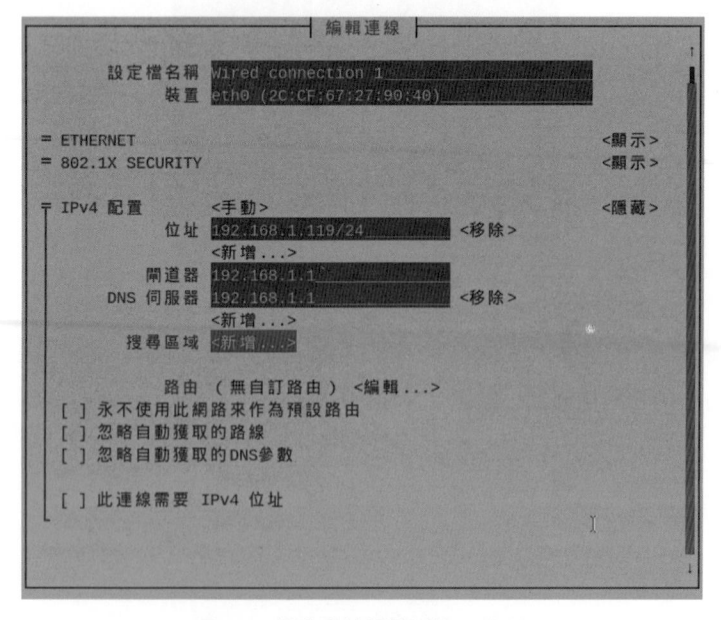

圖 3-7　設定有線網路靜態 IP 位址

STEP/ **06** 出現圖 3-8 的畫面，按 Tab 鍵，將游標移到「上一步」並按 Enter 鍵。

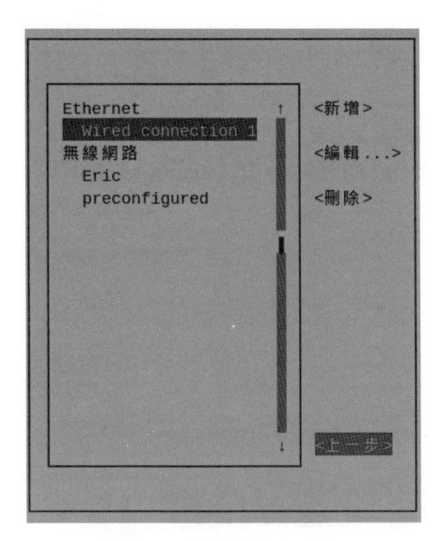

圖 3-8　選擇「上一步」

STEP/ **07** 出現圖 3-9 的畫面，使用 ↑ ↓ 鍵，將游標移到「離開」，再按 Tab 鍵，將游標移到「確定」並按 Enter 鍵，即可離開 nmtui 程式。

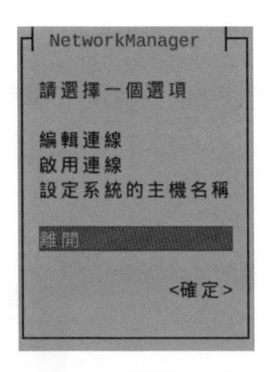

圖 3-9　離開 nmtui

STEP/ **08** 為了讓我們的變更生效，我們需要重啟網路管理員服務，指令如下：

```
$ sudo systemctl restart NetworkManger
```

STEP/ **09** 重啟後，即可完成靜態網路 IP 位址的設定。我們可使用 ip addr 指令來查看 eth0 的網路設定。

```
$ ip addr show eth0

out:
eht0:
...
inet 192.168.1.119/24 brd 192.168.1.255 scope global noprefixroute eth0
...
```

除了可看到設定的 IP 位址外，還可看到 global 關鍵字，表示目前的 IP 為靜態 IP 位址。

3.4 圖形介面設定 Wi-Fi

由於 Raspberry Pi 5 已內建無線網卡，所以可以直接進行無線網路的設定。

設定無線網路

STEP/ **01** 要將 Raspberry Pi 連接至家中的無線 AP，請點選桌面上方的「網路連線」圖示，再點選「Turn On Wireless LAN」，以開啟無線網路。開啟後，即會出現 Wi-Fi 網路列表，如圖 3-10 所示。

圖 3-10　查詢 Wi-Fi 網路列表

STEP/ **02** 選擇可用的 Wi-Fi 網路節點。選擇後，會提示我們輸入 Wi-Fi 密碼，如圖 3-11 所示。

圖 3-11　輸入 Wi-Fi 密碼

STEP/ **03** 輸入完成後，按下「連線」按鈕，即會連結你的無線路由器。連線成功後，可以看到標準的 Wi-Fi 符號，如圖 3-12 所示。

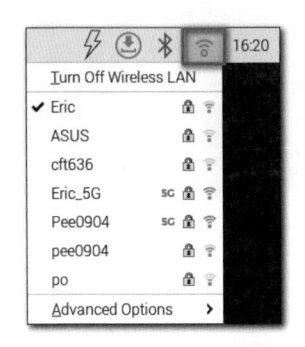

圖 3-12　Wi-Fi 連線成功

3.5　設定 Wi-Fi 靜態 IP 位址

🤖 iwlist 指令

若我們想在終端機中設定 WiFi 的靜態 IP 位址，設定前我們可使用 iwlist 指令，列出所有可用的 Wi-Fi 網路列表。使用範例如下：

```
$ sudo iwlist wlan0 scan
```

執行結果，如圖 3-13 所示。

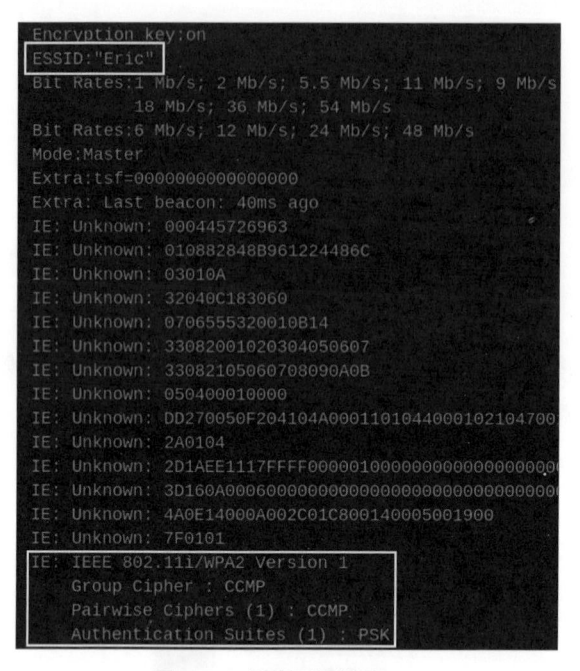

```
Encryption key:on
ESSID:"Eric"
Bit Rates:1 Mb/s; 2 Mb/s; 5.5 Mb/s; 11 Mb/s; 9 Mb/s
          18 Mb/s; 36 Mb/s; 54 Mb/s
Bit Rates:6 Mb/s; 12 Mb/s; 24 Mb/s; 48 Mb/s
Mode:Master
Extra:tsf=0000000000000000
Extra: Last beacon: 40ms ago
IE: Unknown: 000445726963
IE: Unknown: 010882848B961224486C
IE: Unknown: 03010A
IE: Unknown: 32040C183060
IE: Unknown: 0706555320010B14
IE: Unknown: 33082001020304050607
IE: Unknown: 33082105060708090A0B
IE: Unknown: 050400010000
IE: Unknown: DD270050F204104A000110104400010210470
IE: Unknown: 2A0104
IE: Unknown: 2D1AEE1117FFFF00000100000000000000000
IE: Unknown: 3D160A0006000000000000000000000000000
IE: Unknown: 4A0E14000A002C01C800140005001900
IE: Unknown: 7F0101
IE: IEEE 802.11i/WPA2 Version 1
    Group Cipher : CCMP
    Pairwise Ciphers (1) : CCMP
    Authentication Suites (1) : PSK
```

圖 3-13　列出可用的 Wi-Fi

仔細查看圖 3-13，由 ESSID 可以找到你的 Wi-Fi 網路，並查看授權方法，如：「IE: IEEE 802.11i/WPA2 Version 1」。

使用 nmtui 設定 Wi-Fi 靜態 IP 位址

若要在終端機中設定 Wi-Fi 的靜態 IP 位址，可以如設定有線網路靜態 IP 位址的作法，步驟如下：

STEP/ 01　在終端機中，使用 nmtui 指令。

```
$ nmtui
```

STEP/ 02　出現文字 GUI 畫面後，選擇「編輯連線」，然後按 Tab 鍵，將游標移到「確定」並按 Enter 鍵。

STEP/ 03　出現圖 3-14 的畫面，按 ↑ ↓ 鍵，將游標移至你想設定的 ESSID 無線網路（如 Eric）並按 Enter 鍵。

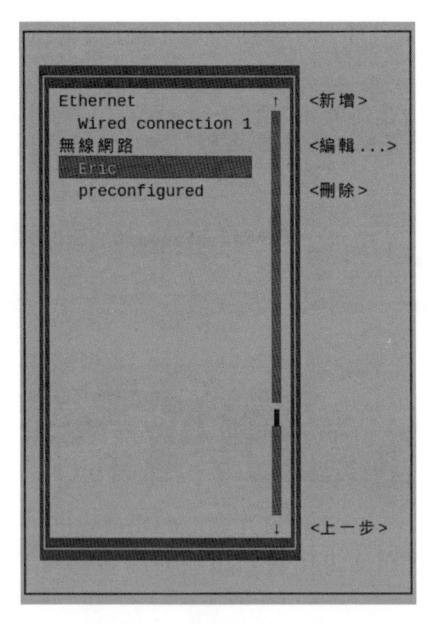

圖 3-14　選擇 WiFi ESSID

STEP/ **04** 出現圖 3-15 的畫面，先將 IPv4 配置改為「手動」，然後按 Tab 鍵，將游標移到「顯示」並按 Enter 鍵。按著設定 IP 位址、閘道器位址及 DNS 伺服器位址，設定完成後，將游標移到「確定」並按 Enter 鍵。

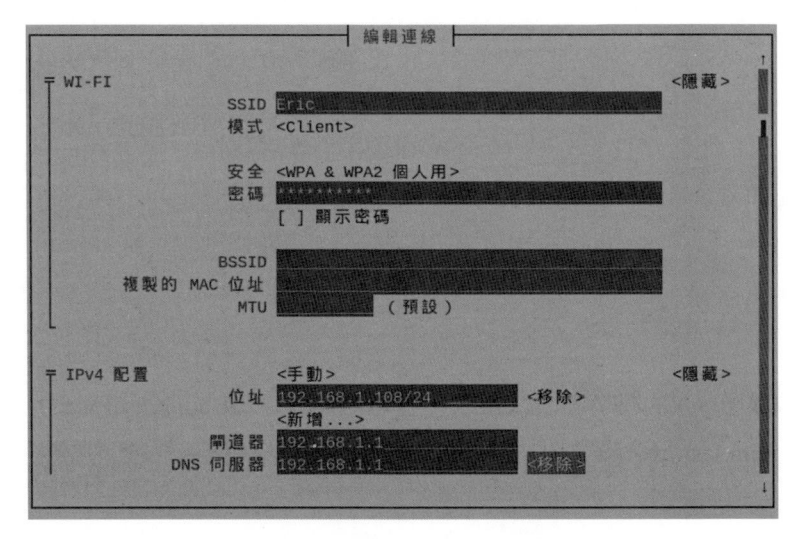

圖 3-15　設定 WiFi 靜態 IP 位址

STEP/ **05** 回到圖 3-14 的畫面，將游標移到「上一步」並按 Enter 鍵。再將游標移到「離開」，再按 Tab 鍵，將游標移到「確定」並按 Enter 鍵，離開 nmtui 設定畫面。

STEP/ **06** 為了讓我們的變更生效，我們需要重啟網路管理員服務，指令如下：

```
$ sudo systemctl restart NetworkManger
```

STEP/ **07** 重啟 NetworkManger 服務後，即完成靜態網路 IP 位址的設定。我們可使用 ip addr 指令來查看 wlan0 的網路設定。

```
$ ip addr show wlan0

out:
3: wlan0: <BROADCAST,MULTICAST,UP,LOWER_UP> mtu 1500 qdisc pfifo_fast state UP group
...
    inet 192.168.1.108/24 brd 192.168.1.255 scope global noprefixroute wlan0
...
```

除了可以看到我們設定的 IP 位址外，還可以看到 global 關鍵字，表示目前的 IP 為靜態 IP 位址。

🤖 停止 Wi-Fi 網路

當我們成功以 Wi-Fi 連線後，若想要停止連線，則可使用「ip link set dev <interface> down」指令。

```
$ sudo ip link set dev wlan0 down
```

🤖 重啟 Wi-Fi 網路

停止連線後，若我們又想恢復連線，則可使用「ip link set dev <interface> up」指令。

```
$ sudo ip link set dev wlan0 up
```

3.6 啟用 SSH

我們可透過 SSH 技術，從另一台電腦遠端連結到 Raspberry Pi。SSH 為 Secure Shell 的縮寫，是一種建立在應用層和傳輸層基礎上的安全協定。

傳統網路服務的缺點

傳統的網路服務程式（如 FTP、POP 和 Telnet），其本質上都是不安全的，因為它們在網路上使用明文傳送資料、使用者帳號和使用者指令，很容易受到「中間人（man-in-the-middle）攻擊方式」的攻擊。其就是存在另一個人或者一台機器冒充真正的伺服器，接收使用者傳給伺服器的資料，然後再冒充使用者把資料傳給真正的伺服器。

SSH 安全協定

SSH 是專為遠程登錄和其他網路服務提供的安全性協定。利用 SSH 協定，可有效防止遠程管理過程中的訊息洩露問題，並可對所有傳輸的資料進行加密，也能夠防止 DNS 欺騙和 IP 欺騙。

啟用 Pi 的 SSH Server

要讓另一台電腦可以透過 SSH 遠端連結 Raspberry Pi，我們首先要啟用 Raspberry Pi 的 SSH 功能，步驟如下：

STEP/ 01　點選 Raspberry Pi 的「主選單」，選擇「偏好設定」，再點選「Raspberry Pi 設定」選項。

STEP/ 02　出現圖 3-16 的畫面，選擇「介面」標籤，啟用 SSH 選項，再按下「確定」按鈕，即完成 SSH 的啟用。

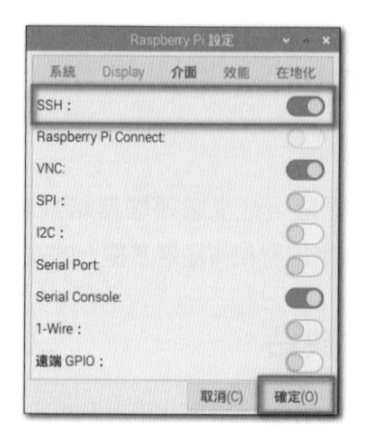

圖 3-16　致能 SSH 介面

raspi-config 致能 SSH

STEP/ 01　我們也可以開啟終端機，使用 raspi-config 指令來進行環境設定。

```
$ sudo raspi-config
```

STEP/ 02　出現設定畫面後，選擇「Interfacing Options」並按 Enter 鍵。

STEP/ 03　出現圖 3-17 的畫面，點選「SSH」選項，再點選「是」，然後按下「確定」按鈕，即可完成致能 SSH 設定。

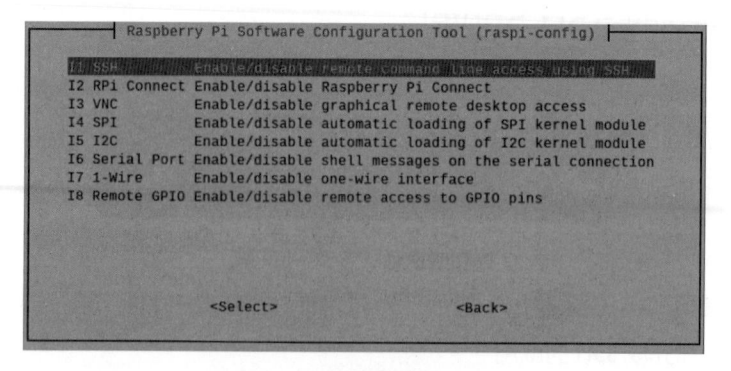

圖 3-17　終端機致能 SSH

STEP/ 04　接著我們可以按 Tab 鍵，將游標移至「Finish」並按 Enter 鍵，即可離開環境設定畫面。

🤖 查看靜態 IP 位址

致能 Pi 的 SSH 功能後，建議將 Raspberry pi 的 IP 位址設定為靜態 IP 位址，並使用 hostname 指令來查看目前的 IP 位址。

```
$ hostname  -I

out:
192.168.1.119 192.168.1.108 2401:e180:8840:2672:407f:67a8:8e64:1e21
2401:e180:8840:2672:dc12:23ac:ffc4:3100
```

其中，192.168.1.119 為 Raspberry Pi 有線網路的靜態 IP 位址，192.168.1.108 則為 Raspberry Pi 的 WiFi 靜態 IP 位址。請記住這些 IP 位址，若我們想以另一台電腦遠端連結 Raspberry Pi，會用到這些 IP 位址。

3.7 Linux 主機 SSH 遠端存取 Pi

若我們想以另一台 Linux 主機遠端連結 Raspberry Pi，可以在另一台 Linux 主機中使用 ssh 指令，以「帳號 @Raspberry Pi IP 位址」格式來進行遠端連結。

STEP/ 01 假設 Raspberry Pi IP 位址為 192.168.1.119，帳號為 pi，則 SSH 遠端連結指令如下：

```
$ ssh  pi@192.168.1.119
```

STEP/ 02 第一次遠端連結 Raspberry Pi 時，Raspberry Pi 會分享它的指紋安全碼，此時請輸入「yes」來進行連結，如圖 3-18 所示。

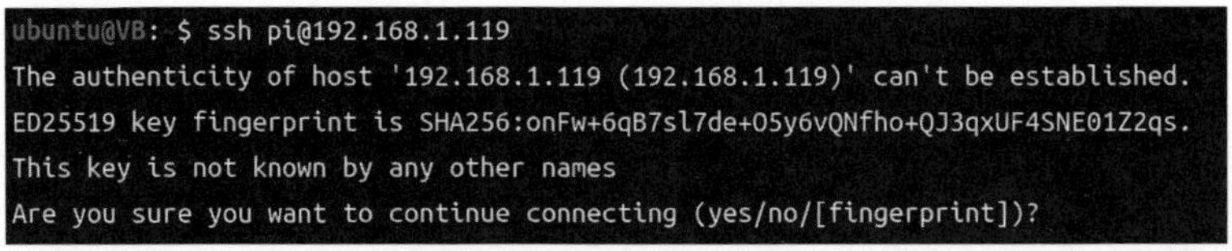

```
ubuntu@VB:~$ ssh pi@192.168.1.119
The authenticity of host '192.168.1.119 (192.168.1.119)' can't be established.
ED25519 key fingerprint is SHA256:onFw+6qB7sl7de+O5y6vQNfho+QJ3qxUF4SNE01Z2qs.
This key is not known by any other names
Are you sure you want to continue connecting (yes/no/[fingerprint])?
```

圖 3-18 Linux 主機 ssh 連結 Pi

STEP/ **03** 輸入後，系統會提示我們的 Raspberry Pi 的指紋安全碼已永久加入列表中。接著會出現圖 3-19 的畫面，系統會提示我們輸入 Raspberry Pi 的密碼。

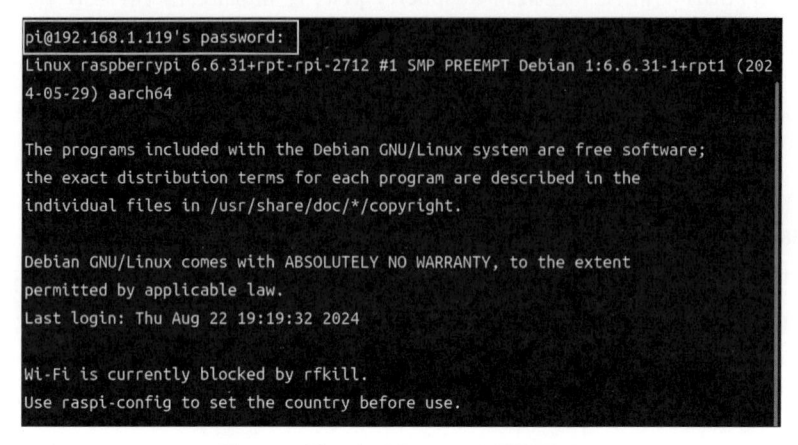

```
pi@192.168.1.119's password:
Linux raspberrypi 6.6.31+rpt-rpi-2712 #1 SMP PREEMPT Debian 1:6.6.31-1+rpt1 (202
4-05-29) aarch64

The programs included with the Debian GNU/Linux system are free software;
the exact distribution terms for each program are described in the
individual files in /usr/share/doc/*/copyright.

Debian GNU/Linux comes with ABSOLUTELY NO WARRANTY, to the extent
permitted by applicable law.
Last login: Thu Aug 22 19:19:32 2024

Wi-Fi is currently blocked by rfkill.
Use raspi-config to set the country before use.
```

圖 3-19　輸入密碼登入 Pi 終端機模式

STEP/ **04** 輸入後，若一切順利的話，即可在 Linux 主機中顯示登入訊息。登入成功後，出現終端機模式，此時可使用指令來遠端操作 Raspberry Pi。

🤖 登出 SSH

若要登出 SSH 遠端連線，可使用 exit 指令。

```
pi@raspberrypi ~ $ exit

out:
登出
Connection to 192.168.1.119 closed.
```

🤖 移除 Raspberry Pi 指紋安全碼

若 Raspberry Pi 有新的套件升級，重新以 SSH 遠端連線時，會產生新的指紋安全碼。此時，我們可在 Linux 主機中移除電腦中舊的 Raspberry Pi 指紋安全碼，指令如下：

```
$ ssh-keygen  -R  192.168.1.119
```

3.8 Windows 主機 SSH 遠端連結 Pi

在 Windows 主機中，我們可使用 MobaXterm 軟體，SSH 遠端連結 Raspberry Pi。遠端連結步驟如下：

STEP/ **01** 開啟 MobaXterm 軟體，點選「Session」選項。

STEP/ **02** 出現圖 3-20 的畫面，點選「SSH」選項，輸入 Remote host 的 IP 位址，勾選「Specify username」，並輸入 Raspberry Pi 的使用者帳號，再按下「OK」按鈕。

圖 3-20　設定 SSH

STEP/ **03** 第一次連結會提示我們是否要註冊 Raspberry Pi 的指紋安全碼，請按下「Accept」，如圖 3-21 所示。

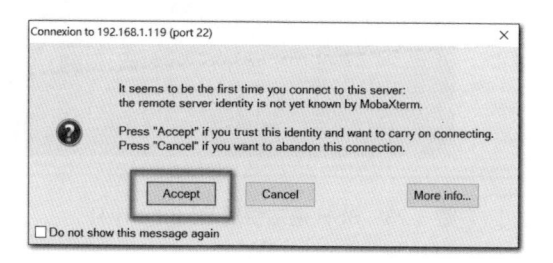

圖 3-21　註冊 Raspberry Pi 的指紋安全碼

STEP/ **04** 出現圖 3-22 的畫面，請輸入 Raspberry Pi 的密碼，接著會詢問我們是否要儲存此密碼，在此先選擇「No」。

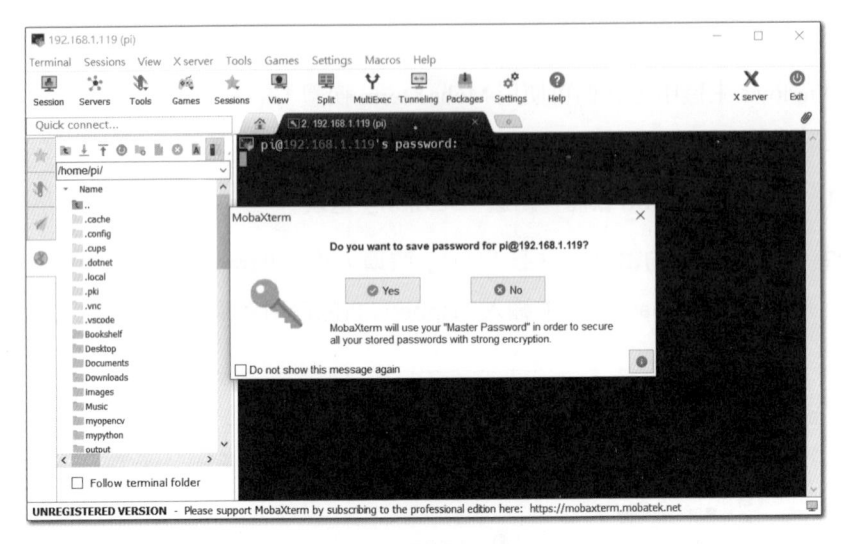

圖 3-22　是否儲存密碼

STEP/ **05** 若登入成功，會出現圖 3-23 的畫面，進入 Raspberry Pi 的文字模式，此時我們可使用 Linux 指令來管理 Raspberry Pi 了。

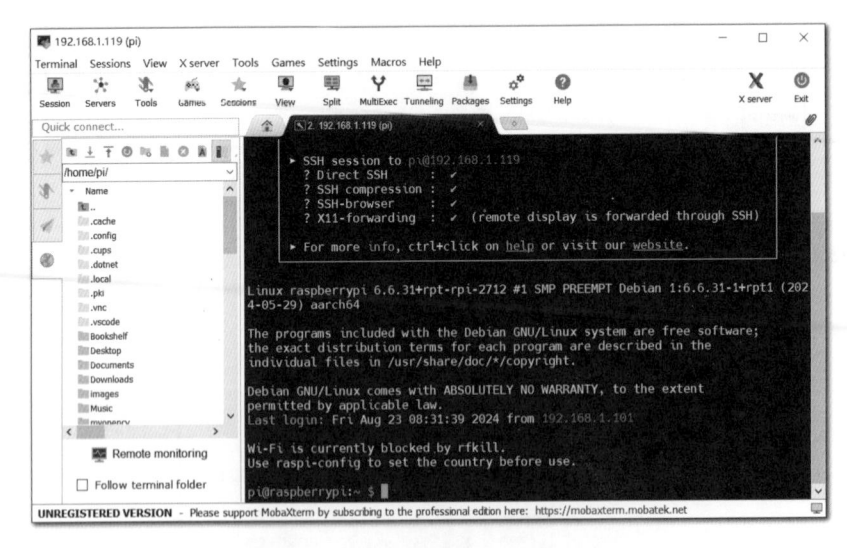

圖 3-23　SSH 遠端管理 Raspberry Pi

3.9 使用 SFTP 進行檔案交換

當我們致能 Raspberry Pi 中的 SSH 時，Raspberry Pi 便具有遠端檔案交換的功能，稱為「Secure File Transfer Protocol (SFTP)」，它是 SSH 的標準之一，可用來讓主機與 Raspberry Pi 進行檔案的傳輸。

下載檔案

若我們想使用 SFTP 功能，將 Raspberry Pi 中的檔案下載至 Windows 主機，步驟如下：

STEP/ 01 在圖 3-23 的左邊，可以看到 Raspberry Pi 的 /home/pi 目錄的檔案列表，我們可以切換目錄來找到想下載的檔案。

STEP/ 02 在檔案上按滑鼠右鍵，出現圖 3-24 的畫面，請點選「Download」選項，即可將 Raspberry Pi 中的檔案下載至 Windows 中。

圖 3-24　下載檔案

🤖 上傳檔案

另一方面，我們可以先選擇想儲存上傳檔案的 Raspberry Pi 目錄。在空白處按滑鼠右鍵並選擇「Upload to current folder」選項，即可將 Windows 中的檔案上傳至 Raspberry Pi 中，如圖 3-25 所示。

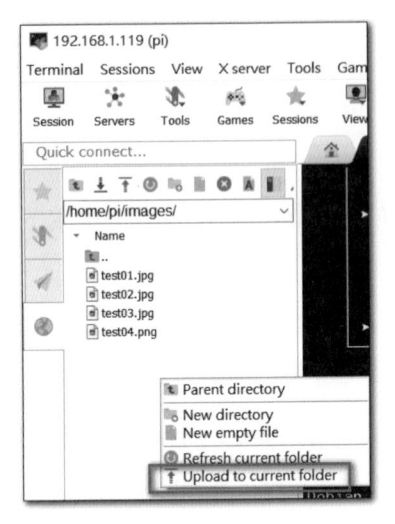

圖 3-25　上傳檔案至目前資料夾

3.10 Windows 主機 VNC 遠端連結 Pi

我們可以透過 VNC 技術，從另一台電腦遠端連結到 Raspberry Pi。VNC 與 SSH 這兩種技術有一點不同，使用 SSH 遠端連結 Raspberry Pi，登入時是一個文字模式的終端機；若我們想要從另一台電腦存取 Raspberry Pi 的圖形桌面，則需要使用 VNC。在本小節中，我們將介紹 VNC 這種技術。

🤖 啟用 VNC 伺服器

若我們想要以全圖形桌面方式，從 PC 遠端存取 Pi，我們可使用 VNC（Virtual Network Connection）。首先我們在 Raspberry Pi 中啟用 VNC 伺服器，步驟如下：

STEP/ 01 點選 Raspberry Pi 的「主選單」，選擇「偏好設定」，再點選「Paspberry Pi 設定」選項。

STEP/ 02 出現圖 3-26 的畫面，點選「介面」標籤，再啟用「VNC」選項，按下「確定」按鈕。

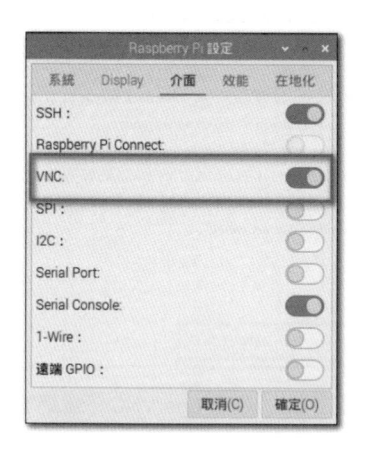

圖 3-26　啟用 VNC 介面

STEP/ 03 啟用 VNC 介面後，建議將 Raspberry Pi 的 IP 位址設定為靜態 IP 位址。在本小節中，我們將靜態 IP 位址設為 192.168.1.119。

下載 TigerVNC Viewer

要在 Windows 主機遠端連結 Pi，我們要在 PC 端安裝 VNC 客戶軟體。TigerVNC Viewer 是一套很受歡迎的軟體，很適合用來連接 VNC 伺服器。我們可以至 Github 查看可下載的版本：🔗 https://github.com/TigerVNC/tigervnc/releases。

STEP/ 01 Github 網頁如圖 3-27 所示，筆者撰寫本書時的版本為 TigerVNC 1.14.0，可向下捲動網頁來查看最新版本的下載網址，再點選下載網址。

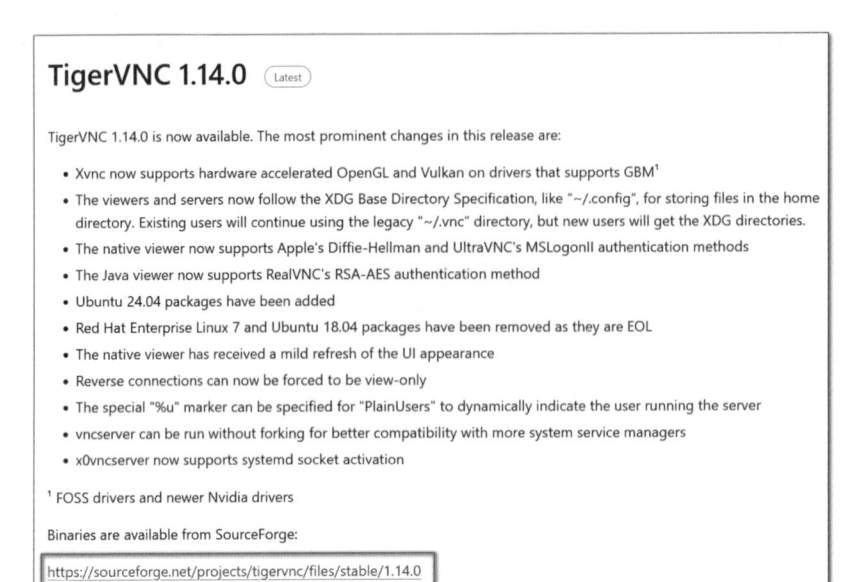

```
TigerVNC 1.14.0  Latest

TigerVNC 1.14.0 is now available. The most prominent changes in this release are:

• Xvnc now supports hardware accelerated OpenGL and Vulkan on drivers that supports GBM[1]
• The viewers and servers now follow the XDG Base Directory Specification, like "~/.config", for storing files in the home
  directory. Existing users will continue using the legacy "~/.vnc" directory, but new users will get the XDG directories.
• The native viewer now supports Apple's Diffie-Hellman and UltraVNC's MSLogonII authentication methods
• The Java viewer now supports RealVNC's RSA-AES authentication method
• Ubuntu 24.04 packages have been added
• Red Hat Enterprise Linux 7 and Ubuntu 18.04 packages have been removed as they are EOL
• The native viewer has received a mild refresh of the UI appearance
• Reverse connections can now be forced to be view-only
• The special "%u" marker can be specified for "PlainUsers" to dynamically indicate the user running the server
• vncserver can be run without forking for better compatibility with more system service managers
• x0vncserver now supports systemd socket activation

[1] FOSS drivers and newer Nvidia drivers

Binaries are available from SourceForge:

https://sourceforge.net/projects/tigervnc/files/stable/1.14.0
```

圖 3-27　查看 TigerVNC 下載網址

STEP/ **02** 下載畫面如圖 3-28 所示，點選「Download Latest Version」按鈕，即可進行檔案的下載。下載完後，請執行安裝程序，將 TigerVNC Viewer 安裝至 Windows 作業系統中。

圖 3-28　下載 VNC Viewer

🤖 VNC 遠端連結 Raspberry Pi

STEP/ **01** 執行 PC 端的 TigerVNC Viewer 後，會出現圖 3-29 的畫面，請輸入 Raspberry Pi VNC 伺服器的位址及通訊埠。

078

Chapter 03　Raspberry Pi 連上網路

STEP/ 02　當我們啟用 Raspberry Pi 的 VNC 功能後，即會自動啟動 Raspberry Pi 的 wayvnc 伺服器。預設的通訊埠為 5900，我們在圖 3-29 的畫面中輸入「192.168.1.119:5900」，然後按下「連線」按鈕。

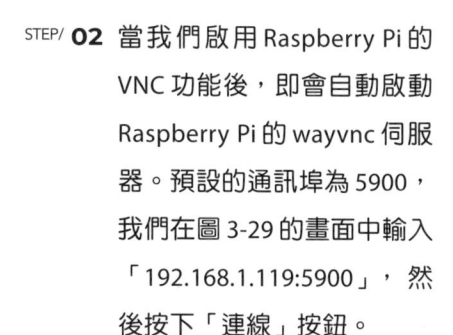

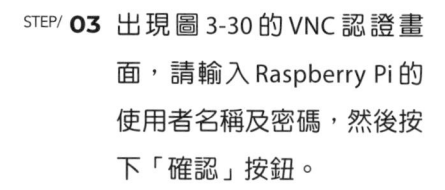

圖 3-29　啟動 TigerVNC Viewer

STEP/ 03　出現圖 3-30 的 VNC 認證畫面，請輸入 Raspberry Pi 的使用者名稱及密碼，然後按下「確認」按鈕。

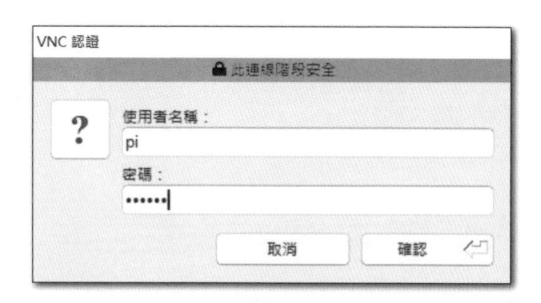

圖 3-30　輸入 VNC 伺服器存取帳號及密碼

STEP/ 04　若一切順利的話，即可遠端連線至 Raspberry Pi，出現 Raspberry Pi 的桌面圖形畫面，此時我們即可遠端操控 Raspberry Pi，如圖 3-31 所示。

圖 3-31　VNC 遠端操控 Raspberry Pi

079

M・E・M・O

04

連接Webcam

4.1　安裝 Webcam

4.2　使用 fswebcam 工具

4.3　Webcam 定時拍照

4.4　錄製 Webcam 視訊

4.1 安裝 Webcam

網路攝影機（Webcam）是一種數位相機，主要用於視訊通話、影片錄製和直播等功能。在本章中，我們使用 RAPOO C270L USB Webcam，它的外觀如圖 4-1 所示。

圖 4-1　USB Webcam

lsusb 指令

將 USB Webcam 連接至 Raspberry Pi 5 的 USB 埠，接著開啟終端機並使用 lsusb 指令，可列出目前已連接的 USB 裝置。

```
$ lsusb
```

執行結果，如圖 4-2 所示。

圖 4-2　列出目前已連接的 USB 裝置

我們可看到已連接的 USB Webcam；以本章為例，Bus 001 Device 019 是筆者的 USB Webcam。若你不確定是否有連接，可以先拔開 USB Webcam 並執行一次 lsusb 指令，接著插入 USB Webcam 並執行一次 lsusb 指令，看看是否有新增一個裝置，這個新增的裝置就是你的 USB Webcam。

4.2 使用 fswebcam 工具

fswebcam 是一個簡單的命令列工具，可以在 Linux 電腦中抓取 Webcam 的影像。

STEP/ **01** 我們先安裝 fswebcam 套件，指令如下：

```
$ sudo apt update
$ sudo apt install fswebcam
```

STEP/ **02** 安裝完套件後，我們建立一個 output 新目錄，用來放置輸出影像。

```
$ mkdir /home/pi/output
```

STEP/ **03** 要抓取 webcam 影像，可以執行下列指令：

```
$ fswebcam -r 1280x960 --no-banner ~/output/camtest.jpg
```

說明

- -r 1280x960：抓取一張影像，解析度是 1280×960。
- --no-banner：不顯示時間訊息。
- ~/output/camest.jpg：抓取的影像會儲存在家目錄下的 output 目錄中，檔名為「camtest.jpg」。若下次執行時，我們沒有改變存檔的檔名，則新的影像會覆寫同一個檔案。

指令的執行結果會輸出以下的類似訊息：

```
--- Opening /dev/video0...
Trying source module v4l2...
/dev/video0 opened.
No input was specified, using the first.
Adjusting resolution from 1280x960 to 1280x720.
--- Capturing frame...
Captured frame in 0.00 seconds.
--- Processing captured image...
Disabling banner.
Writing JPEG image to '/home/pi/output/camtest.jpg'.
```

STEP/ **04** 我們可啟動檔案管理員來進入 output 目錄，再按二下 camtest.jpg 檔案，以查看抓取的影像，如圖 4-3 所示。

圖 4-3 查看抓取的影像

4.3 Webcam 定時拍照

若要讓 Webcam 定時拍照，可先建立拍照腳本，並使用 cron 來設定定時任務。在 Linux 中，我們可使用 crontab -e 指令來建立循環工作排程，建立排程的指令格式如下：

```
min   hour   day   month   week   /location/command   2 > &1
```

說明

- min：分鐘（0-59）。
- hour：小時（0-23）。
- day：日（1-31）。
- month：月（1-12，1 表示 1 月）。
- week：星期（0-7，0 及 7 皆表示週日）。
- /location/command：欲排程執行的程式。
- 2 > &1：將錯誤訊息併入來顯示在螢幕上。

編寫拍照腳本

編寫拍照腳本的步驟如下：

STEP/ 01 我們先編輯一個程式腳本，檔名為「timelapse.sh」。

```
$ nano timelapse.sh
```

STEP/ 02 輸入程式腳本，內容如下：

```
#!/bin/bash
DATE=$(date "+%Y-%m-%d_%H%M")
fswebcam -r 1280x960 --no-banner /home/pi/output/img_$DATE.jpg
```

說明

❏ 我們使用敘述「date "+%Y-%m-%d_%H%M"」來產生時間戳記。

❏ 指令執行後，會以「年-月-日_時分」格式來顯示目前的系統時間。

❏ 在第三行程式中，我們將時間戳記當作檔案名稱，即檔案名稱為「img_時間戳記.jpg」，讓檔案名稱不會重複。

STEP/ **03** 輸入完成後，儲存離開 nano。接著執行下列指令，變更 timelapse.sh 的檔案權限，讓它可以執行。

```
$ chmod +x timelapse.sh
```

STEP/ **04** 要執行 timelapse.sh 腳本，指令如下：

```
$ ./timelapse.sh
```

STEP/ **05** 執行後，開啟檔案管理程式，看看是否可以順利建立具時間戳記檔名的影像。

編輯排程

要定時執行 timelapse.sh 程式腳本的步驟如下：

STEP/ **01** 我們先執行下列指令來編輯排程：

```
$ crontab -e
```

STEP/ **02** 執行後，會進入文書編輯器。若是第一次執行，會要求我們選一款文書編輯器，此時可選擇「/bin/nano」。

STEP/ **03** 接著自行編輯排程工作。例如，輸入下列指令，表示希望每分鐘執行一次 /home/pi/timelapse.sh 檔案；編輯完成的畫面，如圖 4-4 所示。

```
* * * * * /home/pi/timelapse.sh 2>&1
```

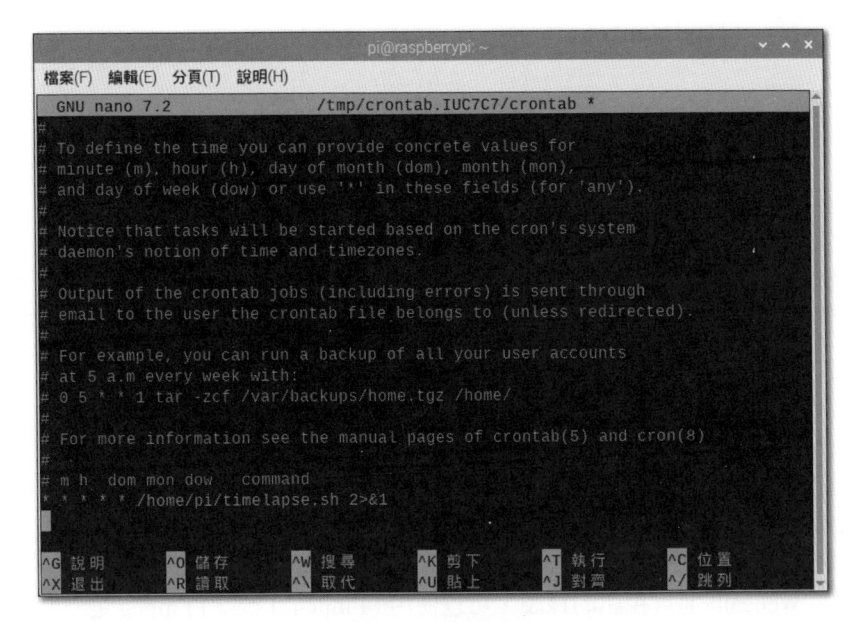

圖 4-4　編輯排程

STEP/ **04** 若要每 5 分鐘執行一次 timelapse.sh 檔案，則可將排程內容修改如下，即會每隔 5 分鐘抓取一張 Webcam 影像。

```
*/5 * * * * /home/pi/timelapse.sh 2>&1
```

STEP/ **05** 編輯完成後，儲存並離開 nano 編輯器，此時 Linux 會以我們設定的排程，每隔一段時間執行 timelapse.sh 檔案來抓取一張 Webcam 影像，並以「img_時間戳記.jpg」為檔名，將其儲存在 /home/pi/output/ 目錄下。

4.4　錄製 Webcam 視訊

在 Linux 中，最常用來擷取視訊的方法是使用 Video4Linux2 驅動器（v4l2）。

STEP/ **01** 我們可使用 v4l2-ctl 指令來列出可用的視訊裝置。

```
$ v4l2-ctl  --list-devices

out:
...
rapoo camera: rapoo camera (usb-xhci-hcd.0-1):
    /dev/video0
    /dev/video1
    /dev/media3
```

STEP/ **02** 執行後，可看到 USB Webcam 的裝置名稱。以本章為例，裝置名稱為「/dev/video0」。

🤖 FFmpeg 工具

要使用 Webcam 進行視訊的錄製，可以使用 FFmpeg 工具。FFmpeg 是一個開放原始碼的自由軟體，包含了音訊及視訊多種格式的錄影、轉檔及串流等功能，FFmpeg 同時也是一個音訊與視訊格式轉換的函式庫，許多開源的音訊及視訊工具都是基於此軟體打造而成。

STEP/ **01** 在 Raspberry Pi 5 中內建了 FFmpeg 工具，我們使用下列指令來查看 FFmgeg 的版本，可看到目前的 ffmpeg 版本為 5.1.6。

```
$ ffmpeg  -version

out:
ffmpeg version 5.1.6-0+rpt1+deb12u1 Copyright (c) 2000-2024 the FFmpeg developers
...
```

STEP/ **02** 要使用 Webcam 進行視訊的錄製，並將錄製結果寫入 output.mp4，指令如下：

```
$ ffmpeg  -f  v4l2  -framerate  25  -video_size  640x480  -i  /dev/video0  output.mp4
```

說明

❏ -f v4l2：指定輸入格式為 Video4Linux2（v4l2）。

❏ -framerate 25：設定視訊串流的影格率為 25fps。

❏ -video_size 640x480：設定視訊串流的解析度為 640×480。

❏ -i /dev/video0：指定輸入來自 /dev/video0 的視訊串流。

❏ output.mp4：指定輸出的檔案名稱為「output.mp4」。

STEP/ **03** 執行後，會顯示下列訊息，並開始錄影。若想要結束錄製，按 Ctrl + C 鍵。

```
...
Output #0, mp4, to 'output.mp4':
  Metadata:
    encoder         : Lavf59.27.100
  Stream #0:0: Video: h264 (avc1 / 0x31637661), yuv422p(tv, progressive), 640x480, q=2-31, 30 fps, 15360 tbn
    Metadata:
      encoder         : Lavc59.37.100 libx264
    Side data:
      cpb: bitrate max/min/avg: 0/0/0 buffer size: 0 vbv_delay: N/A
frame=    1 fps=0.0 q=0.0 size=       0kB time=00:00:00.00 bitrate=N/A speed=
frame=   25 fps=0.0 q=0.0 size=       0kB time=00:00:00.00 bitrate=N/A dup=12 dr
...
```

播放影片

錄製完成後，若想要播放視訊，可使用 vlc 軟體。此軟體為 Bookworm 內建軟體，可以直接使用。

STEP/ **01** 若要播放 output.mp4 檔案，指令如下：

```
$ vlc output.mp4
```

STEP/ **02** 執行後，會開啟 vlc 媒體播放器視窗，並開始播放 output.mp4 視訊檔案。

M・E・M・O

05

連接Pi相機模組

5.1 安裝 Pi 相機模組
5.2 設定 IMX219 相機模組
5.3 使用 rpicam-hello 預覽相機視訊
5.4 使用 rpicam-jpeg 拍照
5.5 使用 rpicam-still 拍照
5.6 使用 rpicam-vid 錄影
5.7 Pi 相機模組建立縮時攝影
5.8 使用 cron 建立自動縮時攝影

5.1 安裝 Pi 相機模組

Raspberry Pi 5 具有四路 MIPI（CSI/DSI）介面，可同時支援安裝二個 Pi 相機模組；這些介面採用 22 通道、0.5 毫米間距的迷你 FPC 格式，執行速度為 1.5 Gbps。

值得注意的是 Raspberry Pi 5 的 CSI 介面與 Raspberry Pi 4/3 的 CSI 介面不同，Raspberry Pi 4/3 的 CSI 介面為 15 通道、1 毫米間距的標準 FPC 格式，所以我們無法直接將之前使用在前代樹莓派的 Pi 相機與 Raspberry Pi 5 相連接，須使用 Raspberry Pi 5 專用的相機 CSI 排線來連接 Pi 相機模組。

Pi 相機模組

在本章中，採用的 Pi 相機模組是一款專為 Raspberry Pi 5 設計的高效能影像擷取裝置，採用 Sony IMX219 晶片，並具有 8MP 像素。相機模組採用 22 針的軟線與 Raspberry Pi 5 板相連接，如圖 5-1 所示。

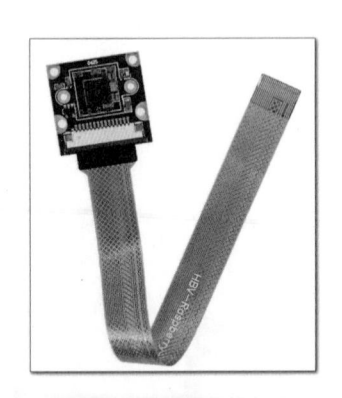

圖 5-1　Pi 專用相機模組

Pi 相機連接至 Raspberry Pi 5

我們可以將 Pi 相機連接至 Raspberry Pi 5 的 CSI 連接埠，如圖 5-2 所示。

圖 5-2　將 Pi 相機模組連接至 CSI 連接埠

由於 CSI 介面並不是可熱插拔的介面，所以建議在安裝相機模組時，先將 Raspberry Pi 斷電，再進行安裝，安裝的步驟如下：

STEP/ **01** 拔出 CSI 插槽上的卡扣。

STEP/ **02** Pi 相機模組軟排線的銀色金屬側針背對 HDMI 介面，將軟排線插入 CSI 插槽中。

STEP/ **03** 按下 CSI 插槽上的卡扣。

若有安裝上的問題，則可參考下列網址的介紹：URL https://www.youtube.com/watch?v=QVv8LuHwTiI。

5.2　設定 IMX219 相機模組

Raspberry Pi 的 Bookworm 作業系統，預設只能自動偵測到正版的 Pi 相機，而無法自動偵測到本章採用的 IMX219 相機模組，所以我們需要手動修改 Bookworm 作業系統的 config.txt 檔案。

修改 config.txt

config.txt 是 Raspberry Pi 的設定檔，用於設定系統啟動時的各種參數。config.txt 檔案位於 /boot/firmware 目錄下，我們可在 config.txt 中設定要使用 IMX219 相機模組。

STEP/ **01** 修改前，建議先更新系統套件，以讓 config.txt 可載入最新的 IMX219 模組。

```
$ sudo apt update
$ sudo apt upgrade -y
```

STEP/ **02** 接著開啟 config.txt。

```
$ sudo nano /boot/firmware/config.txt
```

STEP/ **03** 修改檔案內容，將 camera_auto_detect 選項設為 0，表示不進行相機自動偵測。

```
camera_auto_detect=0
```

STEP/ **04** 在檔案最後面加入下列內容，表示在開機時要載入 IMX219 相機組態。

```
dtoverlay=imx219,cam0
```

說明

- cam0：表示 Pi 相機模組是連接至 Raspberry Pi 5 的 CAM 0 連接埠；若是連接至 CAM 1 連接埠，則改為 cam1。

STEP/ **05** 儲存及離開 config.txt 後，重啟 Raspberry Pi。接著，我們可執行 dmesg 指令來查看 imx219 是否有載入成功；當看到「Using sensor imx219」的訊息，表示 imx219 模組已載入成功。

```
$ dmesg | grep imx219
```

out:

```
[    0.532864] platform 1f00110000.csi: Fixed dependency cycle(s) with /axi/
pcie@120000/rp1/i2c@88000/imx219@10
[    3.360457] rp1-cfe 1f00110000.csi: found subdevice /axi/pcie@120000/rp1/
i2c@88000/imx219@10
[    3.513903] rp1-cfe 1f00110000.csi: Using sensor imx219 6-0010 for capture
```

相機型號及 config.txt 設定

若讀者的相機型號不是 IMX219，可參考表 5-1 來自行修改設定 config.txt 的設定。

表 5-1　相機型號及 config.txt 設定

相機型號	設定敘述
OV9281	dtoverlay=ov9281
IMX290/IMX327	dtoverlay=imx290, clock-frequency=37125000
IMX378	dtoverlay=imx378
IMX219	dtoverlay=imx219
IMX477	dtoverlay=imx477
IMX708	dtoverlay=imx708

雙眼相機設定

Raspberry Pi 5 支援連接二個相機。要同時連接二個鏡頭時，可在 config.txt 中，透過在對應攝影機設定敘述後面加上 cam0 和 cam1，以指定 Pi 相機模組。例如，我們要將 IMX219 相機模組連接到 CAM 0 連接埠，ov5647 相機模組連接到 CAM 1 連接埠，config.txt 的設定敘述如下：

```
dtoverlay=imx219,cam0
dtoverlay=ov5647,cam1
```

5.3 使用 rpicam-hello 預覽相機視訊

rpicam-hello 程式可用來在螢幕上顯示 Pi 相機視訊，我們可使用此程式來測試 Pi 相機是否可正常運作。執行 rpicam-hello 程式的指令如下：

```
$ rpicam-hello
```

執行後，會在螢幕上預覽 Pi 相機視訊約 5 秒鐘，若有看到相機視訊，表示 Pi 相機模組可正常運作。

-t 選項

我們可以在執行時加入「-t <duration>」選項來設定預覽時間；其中，<duration> 的單位是毫秒，如果設定為 0，則會一直保持預覽。例如，下列指令執行後，會在螢幕上一直預覽相機視訊。

```
$ rpicam-hello -t 0
```

測試雙眼相機

若我們有連接二個相機模組，則以 rpicam-hello 測試雙眼相機時，需要使用「--camera」選項來指定相機；如果不設定該參數，則預設指定 cam0。例如，下列指令在執行後，會同時在螢幕上一直預覽二個 Pi 相機模組的視訊。

```
$ rpicam-hello -t 0 --camera 0
$ rpicam-hello -t 0 --camera 1
```

5.4 使用 rpicam-jpeg 拍照

rpicam-jpeg 是一個簡單的靜態影像拍攝程式，可協助我們使用 Pi 相機拍攝照片。使用範例如下：

```
$ rpicam-jpeg -o test.jpg
```

執行後，會在螢幕上預覽 Pi 相機視訊約 5 秒鐘，然後 rpicam-jpeg 程式會使用 Pi 相機模組進行拍照，並將照片存檔，檔名為「test.jpg」。

若我們要查看擷取的影像，可開啟檔案管理程式，按二下 test.jpg，即可查看擷取的影像，如圖 5-3 所示。

圖 5-3　查看擷取的影像

由於 IMX219 相機模組的解析度為 8MP，所以在圖 5-3 的左邊可看到擷取的影像大小為 3280×2464 像素。

🤖 加入選項

我們可在執行 rpicam-jpeg 時，加入「-t」選項來變更預覽視窗的顯示時間，也可使用「--width」和「--height」選項來變更影像的解析度。例如，若我們要顯示預覽視窗 2 秒，然後擷取並儲存解析度為 1024×768 像素的影像，指令如下：

```
$ rpicam-jpeg  -t 2000   --width 1024   --height 768   --output  test2.jpg
```

5.5 使用 rpicam-still 拍照

除了使用 rpicam-jpeg 擷取 Pi 相機影像外，我們也可使用 rpicam-still 來抓取影像。與 rpicam-jpeg 不同的是，rpicam-still 支援許多的選項來協助我們使用 Pi 相機拍攝照片。使用範例如下：

```
$ rpicam-still  --output  test3.jpg
```

執行後，會在螢幕上預覽 Pi 相機視訊約 5 秒鐘，接著會將抓取到的影像儲存為 test3.jpg 檔案。

🤖 --encoding 選項

rpicam-still 可用多種格式儲存影像，包括 png、bmp，以及 RGB 和 YUV 二進位像素轉儲等格式。使用時，需加上「--encoding」選項，並指定存檔的影像格式。例如，下列指令在執行後，會將擷取到的影像編碼成 PNG 格式，並儲存為 test3.png。

```
$ rpicam-still  --encoding  png  -o  test3.png
```

🤖 -t 選項

在 rpicam-still 中，若加上「-t」選項，可設定延遲抓取影像的時間。例如，下列指令在執行後，會在 3 秒後才進行影像的抓取。

```
$ rpicam-still -t 3000 -o test4.jpg
```

5.6　使用 rpicam-vid 錄影

我們可使用 rpicam-vid 來讓 Pi 相機模組錄製視訊，預設採用 H.264 編碼儲存視訊。例如，若我們要抓取 10 秒的視訊，則執行以下的指令，它會將抓取到的視訊儲存為 test.h264 檔案。

```
$ rpicam-vid -t 10s -o test.h264
```

使用 rpicam-vid，也可以直接將抓取到的視訊儲存為 test.mp4 檔案。

```
$ rpicam-vid -t 10s -o test.mp4
```

若要播放 mp4 影片，可使用 vlc 指令來播放。

```
$ vlc test.mp4
```

🤖 --codec 選項

rpicam-vid 支援 motion JPEG 以及未壓縮、未格式化的 YUV420。例如，若要抓取 10 秒的視訊，將抓取到的視訊編碼成 MJPEG 格式，並儲存為 test.mjpeg 檔案，指令如下：

```
$ rpicam-vid -t 10s --codec mjpeg -o test.mjpeg
```

若要播放 mjpeg 視訊，指令如下：

```
$ vlc test.mjpeg
```

🤖 --segment 選項

rpicam-vid 的「--segment」選項允許我們將錄製的視訊分割成多個片段（單位為毫秒）。透過指定片段時間，可以讓我們將 mjpeg 視訊分解為多個 jpeg 檔案。例如，以下指令在執行後可以錄製 50 秒 mjpeg 視訊，並將錄製視訊每 0.5 秒分割成一個新片段，進行影像的擷取及存檔，檔案名稱模式為「video%04d.jpg」。

```
$ rpicam-vid -t 50000 --codec mjpeg --segment 500 -o video_%04d.jpg
```

執行後，錄製的 mjpeg 視訊將被分割成 video0001.jpg、video0002.jpg 等多個 jpg 檔案，共 10 個影像檔案。

5.7 Pi 相機模組建立縮時攝影

所謂「縮時攝影」，是以一定的時間間隔來抓取影像，再以較高的時間頻率來播放影像。例如：若我們每分鐘拍攝一張照片，共拍了 1 小時，此時我們會有 60 張影像，若我們將這 60 張影像以每秒 10 張的方式合成一個影片，則只要 6 秒的時間就可以播放完，這就是縮時攝影。

使用縮時攝影，可以讓我們以很短時間看到事物長時間的變化。例如，我們可以用很短的時間看到花朵綻放的過程。而要建立縮時攝影，需要二個步驟：①拍攝縮時照片、②整合照片成影片，說明如下。

🤖 拍攝縮時照片

我們先建立一個新目錄，用來存放拍攝的照片。

```
$ mkdir  timelapse2
```

我們可使用 rpicam-still 指令，加入「--timelapse」選項，以協助使用 Pi 相機拍攝縮時照片。例如，下列指令在執行後，每 2 秒拍一張照片，持續拍攝 30 秒，共有 15 張照片，並將這些照片以 image0001.jpg 至 image0014.jpg 存檔。

```
$ rpicam-still  -t  30000  --timelapse  2000  -o  timelapse2/image%04d.jpg
```

說明

❏ -t 30000：相機運作時間為 30 秒。

❏ --timelapse 2000：每 2 秒抓取一次影像。

❏ image%04d.jpg：自動為每個檔案加入計數值，格式為 4 位數整數，若不足 4 位數，前面補 0。抓取到的影像會自動以 image0001.jpg、image0002.jpg、image0003.jpg 的檔案名稱儲存起來。

整合照片成影片

我們可使用 ffmpeg 軟體，將多張 JPG 檔案轉成 mp4 視訊，指令如下：

```
$ cd  timelaspe2
$ ffmpeg  -r  5  -i  image%04d.jpg  -s  1280x720  -vcodec  libx264  output.mp4
```

說明

❏ -r 5：設定視訊的影格率為 5fps。

❏ -i image%04d.jpg：輸入影像，匹配所有 image%04d.jpg 的檔案。

❏ -s 1280x720：設定輸出影片的解析度為 1280×720。

❏ -vcodec libx264：使用 H.264 編碼器來壓縮影片。

❏ output.mp4：輸出的影片檔案名稱為「output.mp4」。

若要播放合成的 mp4 影片，可使用 vlc 指令來播放。

```
$ vlc  output.mp4
```

5.8 使用 cron 建立自動縮時攝影

cron 是 Linux 系統中用來定期執行任務的工具,它透過 crond 程式來管理這些任務。若我們要自訂定期執行任務,可使用 crontab -e 指令來編輯工作排程。

拍攝縮時照片

若我們想使用 cron 來建立自動縮時攝影,步驟如下:

STEP/ **01** 建立新目錄,用來存放擷取的影像。

```
$ mkdir  timelapse3
```

STEP/ **02** 編輯 timelapse2.sh 腳本。

```
$ nano  timelapse2.sh
```

STEP/ **03** 腳本內容如下,使用 rpicam-still 指令執行影像的擷取,並將其存檔。存檔的格式為「年-月-日_時分」。

```
#!/bin/bash
DATE=$(date +"%Y-%m-%d_%H%M")
rpicam-still  -t 1  -o ~/timelapse3/$DATE.jpg
```

STEP/ **04** 讓腳本可執行。

```
$ chmod  +x  timelapse2.sh
```

STEP/ **05** 編輯 crontab。

```
$ crontab  -e
```

STEP/ **06** 輸入下列內容，排程工作為每分鐘擷取一張影像。

```
* * * * *    /home/pi/timelapse2.sh   2>&1
```

STEP/ **07** 按 Ctrl + X 鍵，再按 Y 鍵來儲存 crontab。設定好排程工作後，Raspberry Pi 會每分鐘擷取一張影像，並將其以「年 - 月 - 日 _ 時分」格式儲存在 timelapse3 目錄下。

停止拍攝縮時照片

由於我們是以排程方式來拍攝縮時照片，若想要停止拍攝縮時照片，則先執行 crontab -e 指令來編輯 crontab 的設定，將排程工作加上註解。

```
# * * * * *    /home/pi/timelapse.sh   2>&1
```

按 Ctrl + X 鍵，再按 Y 鍵來儲存 crontab，即可停止拍攝縮時照片的排程工作。

整合照片成影片

我們可使用 ffmpeg 軟體，將多張 JPG 檔案轉成 mp4 視訊。由於 timelaspe3 目錄下的 jpg 檔，並非是有流水號的圖片，所以我們可使用「正規表達式」技術，以 glob 收集所有符合「*.jpg」的圖片，並合成出結果 output.mp4，指令如下：

```
$ cd  timelaspe3
$ ffmpeg  -r  5  -pattern_type  glob  -i  '*.jpg'  output.mp4
```

執行後，若一切順利，即可使用 vlc 來播放合成的 mp4 影片。

```
$ vlc  output.mp4
```

M・E・M・O

06

Python基本語法

- 6.1 本章提要
- 6.2 撰寫 Python 程式
- 6.3 Python 基礎
- 6.4 Python 字串處理
- 6.5 Python 控制敘述
- 6.6 自定義函式
- 6.7 串列
- 6.8 字典
- 6.9 元組
- 6.10 使用模組
- 6.11 在 Python 中執行 Linux 指令
- 6.12 檔案處理
- 6.13 例外處理

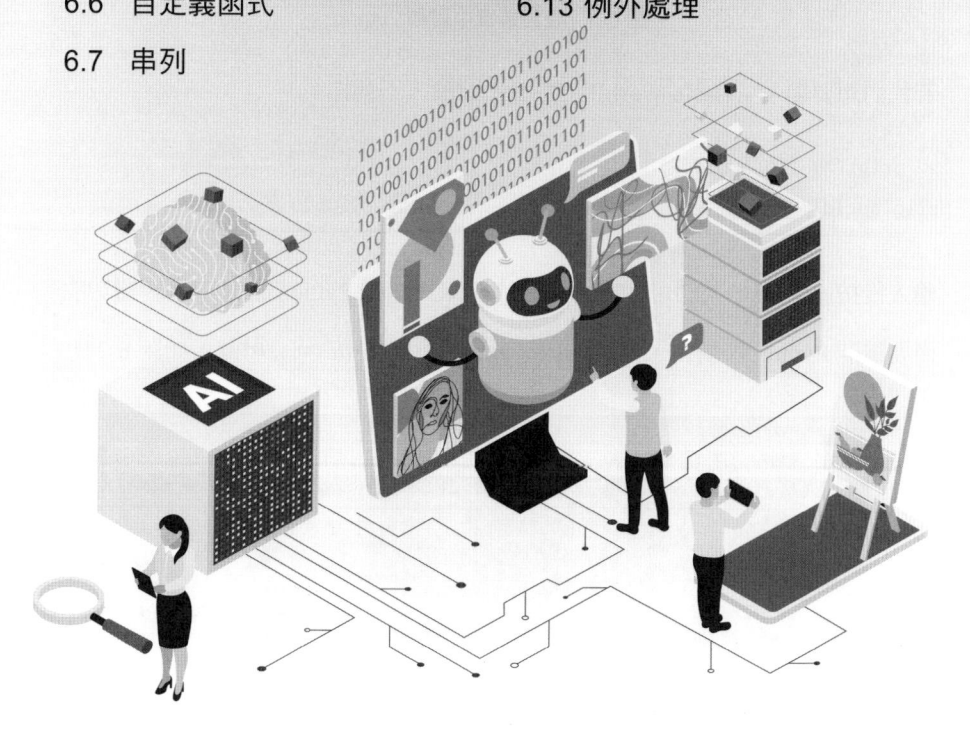

6.1 本章提要

雖然有許多的程式語言可以被使用在 Raspberry Pi 中，但是最受歡迎的還是 Python 程式語言。Python 是一種物件導向、直譯式的電腦程式語言，具有近 20 年的發展歷史，它包含了一組功能完備的標準函式庫，能夠輕鬆完成很多常見的任務。

啟動 Python

若我們想在 Raspberry Pi 中啟動 Python，可以開啟終端機，接著輸入「Python3」來啟動 Python 控制台，如圖 6-1 所示。

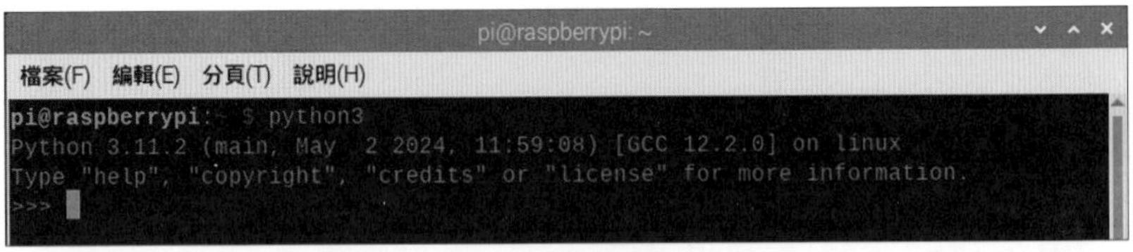

圖 6-1 在終端機中啟動 Python

若我們想要顯示「Hello World!」字串，則輸入下列指令：

```
>>> print("Hello Wrold!")
Hello World!
```

輸入後按 Enter 鍵，我們可即時得到輸出結果，這是 Python 語言的直譯器功能。

而要離開 Python 控制台，則可輸入「exit()」，或是按 Ctrl + D 鍵，如圖 6-2 所示。

圖 6-2 離開 Python 控制台

6.2 撰寫 Python 程式

安裝 Visual Studio Code

Visual Studio Code 是一款功能強大的輕量型免費程式編輯器。在撰寫 Python 程式前，我們先在 Raspberry Pi 中安裝此編輯器，步驟如下：

STEP/ **01** 更新軟體的最新資訊及列表。

```
$ sudo apt update
```

STEP/ **02** 安裝 VS Code 套件。

```
$ sudo apt install code
```

STEP/ **03** 安裝完 VS Code 套件後，我們可以在終端機中輸入「code」指令，執行 VS Code。

```
$ code .
```

也可在主選單中執行 VS Code，如圖 6-3 所示。

圖 6-3　執行 VS Code

撰寫及執行 Python 程式

執行 VS Code 後，我們可撰寫一個簡易的 Python 程式，內容如下：

```
print("Hello, World!")
```

將此程式存檔為 hello.py。若要執行此程式，可在 VS Code 編輯器中按 Ctrl+F5 鍵來執行程式，或是開啟終端機並輸入下列指令來執行 hello.py。

```
$ python3 hello.py

Out:
Hello, World!
```

6.3 Python 基礎

變數

在 Python 中，我們不需要宣告變數的資料型態，只要直接給值即可。

```
a = 123
b = 12.34
c = "Hello"
d = 'Hello'
e = True
```

其中，變數 a 為整數，變數 b 為浮點數，變數 c 及 d 為字串。我們可使用單引號或雙引號來定義字串，而變數 e 為布林。

print() 函式

若要顯示輸出,可使用 print() 函式。

```
x = 10
print(x)

Out:
10
```

f 字串

f 字串可讓我們將變數的值插入到字串中。使用 f 字串,須將字母 f 放在左引號之前,將要在字串中使用的變數名稱以「大括號」括起來。當顯示字串時,Python 將用它的變數值替換每個變數。f 字串的使用範例如下:

```
first_name = "John"
last_name = "Doe"
full_name = f"{first_name} {last_name}"
print(full_name)

Out:
John Doe
```

input() 函式

input() 函式可用於取得使用者輸入的資料。

```
name=input("What's your name? ")
print(f"Hello, {name}")

Out:
What's your name? Tony (輸入)
Hello, Tony
```

算術運算子

我們可在程式中使用 +、-、*、/ 等算術運算子。例如,將使用者輸入的攝氏溫度轉換為華氏溫度,如下所示。

```
tempC = input("Enter Celsius: ")
tempF = (int(tempC) * 9) / 5 + 32
print(f"Fahrenheit: {tempF:.2f}")


Out:
Enter Celsius: 32 (輸入)
Fahrenheit: 89.60
```

在上列敘述中,由於 input() 取得的值為字串,因此在進行計算時,我們使用 int(tempC) 函式,將字串轉成數值,以利轉換時的數值運算。

跳脫字元

我們可在定義字串時加入跳脫字元,如 \t 表示 Tab、\n 表示換列。

```
s = "This\tis\na\ttest"
print(s)


Out:
This    is
a       test
```

字串串接

若要進行字串串接,可使用 + 運算子。

```
s1 = "abc"
s2 = "def"
s = s1 + s2
print(s)
```

```
Out:
abcdef
```

🤖 轉換函式

　　str() 函式是個很有用的函式,可用於將數值轉為字串,方便我們在使用 print() 函式時,進行字串的串接。

```
s1="abc"
s2=str(123)
print(s1+s2)

Out:
abc123
```

　　另一方面,我們可使用 int() 或是 float() 函式,將字串轉為整數或是浮點數,方便我們進行數值的運算。

```
r=int("2")
pi=float("3.14159")
area=pi*r**2
print(f"Area:{area:.2f}")

Out:
Area:12.57
```

　　int() 函式還有一種妙用,當我們輸入字串時,可以指定基數,如 2 進位或是 16 進位,int() 函式即會幫我們轉成正確的 10 進位數值。

```
num1 = int("1010", 2)
print(num1)      # 10
num2 = int("A0A0", 16)
print(num2)      # 41120
```

6.4 Python 字串處理

🤖 len() 函式

在 Python 中，可使用 len() 函式來取得字串的長度。

```
print(len("abcdef"))
```

```
Out:
6
```

🤖 find() 函式

若要得知子字串在某字串中的位置，可使用 find() 函式。其中，10 是子字串的索引值，由 0 開始計數。

```
s = "This is a test"
print(s.find("test"))
```

```
Out:
10
```

🤖 [:] 符號

另一方面，若我們要取出某字串的部分字串，可使用 [:] 符號。例如，若我們要取出字串的第二個字元至第十個字元，敘述如下：

```
s = "This is a test"
print(s[1:10])
```

```
Out:
'his is a '
```

要注意的是，字元的位置是從 0 開始算起，所以 s[1:10] 表示從第二個字元開始，但取出的字元不包含索引值 10 的字元。

🤖 replace() 函式

使用 replace() 函式，可讓我們用某字串取代來源字串中的某些字元。例如，下列程式在執行後，會將字串中所有的 test 字串以 book 字串取代。

```
s = "This is a test"
print(s.replace("test", "book"))

Out:
'This is a book'
```

🤖 upper() 及 lower() 函式

若我們需要將字串轉成大寫或小寫，可使用 upper() 及 lower() 函式。

```
s = "This is a test"
print(s.upper())    # THIS IS A TEST
print(s.lower())    # this is a test
```

🤖 字串重複

我們可使用 * 運算子來重複字串。

```
print("Hi" * 3)

Out:
HiHiHi
```

🤖 ord() 及 char() 函式

每一個字元都有 ASCII 碼，若我們要取得某個字元的 ASCII 碼，可使用 ord() 函式。另一方面，若要將 ASCII 碼轉為字元，可使用 chr() 函式。

```
print(ord('A'))     # 65
print(chr(65))      # A
```

🤖 format() 函式

format() 函式可用於格式化字串。其中，{:.2f} 表示要將數值格式化成小數 2 位。

```
pi = 3.14159
print("pi={:.2f}".format(pi))     # Out: pi=3.14
```

若寫成 {:7.2f}，表示數值的總長度為 7，且小數 2 位，如下所示。

```
print("pi={:7.2f}".format(pi))

Out:
pi=   3.14
```

上述敘述執行時，數值前面會補空白，若希望補 0，敘述如下：

```
print("pi={:07.2f}".format(pi))

Out
pi=0003.14
```

攝氏溫度轉華氏溫度時，format() 函式可讓我們以簡潔的方式寫出程式，如下所示。

```
c = 30.5
print("Temperature {:5.2f} deg C, {:5.2f} deg F.".format(c, c * 9 / 5 + 32))

Out:
Temperature 30.50 deg C, 86.90 deg F.
```

6.5 Python 控制敘述

if 條件敘述

在 Python 中，if 敘述用於條件判斷和控制程式執行流程。這是程式設計中最基本且最常用的控制敘述之一。使用範例如下：

```
x = 11
if x > 10:
    print("x is big")

Out:
x is big
```

在輸入上列敘述時，要注意 if 條件式的後面有「:」號，且在輸入 print 敘述之前，要先按 Tab 鍵內縮 print 敘述，否則會有錯誤訊息。

以下範例示範 Python 的 if-else 敘述。

```
x = 10
if x > 10:
    print("x is big")
else:
    print("x is small")

Out:
x is small
```

以下範例示範 Python 的 if-elif-else 敘述。

```
x = 50
if x > 100:
    print("x is big")
```

```
elif x < 10:
    print("x is small")
else:
    print("x is middle")

Out:
x is middle
```

🤖 關係運算子

使用 Python 的 if 敘述時,常會搭配關係運算子。Python 的關係運算子,如下表所示。

表 6-1　Python 的關係運算子

運算子	說明
<	小於。
>	大於。
<=	小於等於。
>=	大於等於。
==	等於。
!=	不等於。

🤖 邏輯運算子

Python 的邏輯運算子為 and（且）、or（或）及 not（非）。使用範例如下:

```
x = 50
if x >= 10 and x <= 100:
    print('x is in the middle')

Out:
x is in the middle
```

😊 for 迴圈敘述

Python 也有 for 敘述，以下範例將會重複執行 2 次。其中，range(10,20,5) 表示從 10 開始，小於 20 結束，每次增加 5。

```
for i in range(10, 20, 5):
    print(i)

Out:
10
15
```

😊 while 敘述

以下範例示範 Python 的 while 敘述。

```
x=10'
while x < 30:
    print(x)      # Out: 10, 15, 20, 25
    x += 5
```

😊 break 敘述

Python 的 break 敘述可用於離開 while 或 for 迴圈。

```
x=10
while x < 30:
    if ( x == 20):
        break
    print(x)    # Out: 10, 15
    x+=5
```

輸入上述程式碼時，注意輸入 break 敘述之前，要按二次 Tab 鍵，以內縮二次。

continue 敘述

在 Python 中，continue 敘述用於在迴圈中跳過目前迭代，直接進入下一次迭代；這在需要根據特定條件跳過某些迭代時特別有用。使用範例如下：

```
# 打印 1 到 10 之間的奇數
for i in range(1, 11):
    if i % 2 == 0:
        continue
    print(i)
```

```
Out:
1
3
5
7
9
```

6.6 自定義函式

def 敘述

以下範例示範如何在 Python 中自定義函式。其中，使用 def 敘述，我們自定義了一個名為「mycnt()」的函式。

```
def mycnt():
    for i in range(10, 20, 5):
        print(i)

# 執行函式
mycnt()
```

```
Out:
10
15
```

😊 函式中的參數

稍加修改一下 mycnt() 函式,讓函式含有一個參數。

```
def mycnt(n):
    for i in range(10, n, 5):
        print(i)

mycnt(30)

Out:
10
15
20
25
```

也可讓函式中的參數具有預設值。

```
def mycnt(n=20):
    for i in range(10, n, 5):
        print(i)

mycnt()

Out:
10
15
```

函式中包含多個參數

若我們的函式需要多個參數,例如:若我們要從某數開始計數,再結束於某個數值,則可在函式中加入二個參數。

```
def mycnt(n1=10, n2=20):
    for i in range(n1, n2, 5):
        print(i)

mycnt()          # Out: 10, 15
mycnt(5)         # Out: 5, 10, 15
mycnt(5, 15)     # Out: 5, 10
```

函式回傳值

以上範例都沒有讓函式回傳值,若想讓函式回傳某個數值,可使用 return 指令。

```
def mysum(n1, n2):
    return n1 + n2

print(sum(10,20))     # Out: 30
```

若我們想撰寫一個可以反轉字串的函式,程式碼如下:

```
def reverse_string(s):
    return s[::-1]

print(reverse_string("Hello"))     # Out: olleH
```

其中,s[::-1] 表示從字串最後一個字元開始,依序取出字串中的每個字元。

6.7 串列

在 Python 中,串列(List)是一群資料的集合,讓我們可用一個變數來掌握一系列的資料。例如,我們可建立了一個名為「a」的串列:

```
a = ['A001', 'Tony', False, 170, 72.5]
```

串列變數 a 中有五個元素,分別表示「編號、姓名、性別、身高、體重」,而資料型別分別為「字串、字串、布林、整數、浮點數」。

存取串列的元素

以下範例示範如何存取串列變數中的第二個元素,以及修改串列變數中的第二個元素值。

```
print(a[1])    # Out: Tony
a[1] = 'John'
print(a)       # Out: ['A001', 'John', False, 170, 72.5]
```

len() 函式

我們可使用 len() 函式來取得串列的長度。

```
print(len(a))  # Out: 5
```

新增串列的元素

若我們要新增串列的元素,可使用 append()、insert()、extend() 等函式。例如,我們可使用 append() 函式,將一個元素新增至串列的最後面。

```
a.append("new")
print(a)       # Out: ['A001', 'John', False, 170, 72.5, 'new']
```

也可使用 inset() 函式，在指定位置新增串列中的元素。其中，insert() 函式中的第一個參數，表示欲新增的索引值，由 0 開始計算，所以 2 表示第三個位置。

```
a.insert(2, "new2")
print(a)       # Out: ['A001', 'John', 'new2', False, 170, 72.5, 'new']
```

extend() 函式可讓我們將一個串列中的所有元素，新增至另一個串列的最後。

```
b = [18, 19]
a.extend(b)
print(a)       # Out: ['A001', 'John', 'new2', False, 170, 72.5, 'new', 18, 19]
```

移除串列的元素

要從串列中移除元素，可使用 pop() 函式。pop() 函式可移除串列中最後的元素。

```
a.pop()
print(a)       # Out: ['A001', 'John', 'new2', False, 170, 72.5, 'new', 18]
```

pop() 函式中可加入一個參數，以表示想移除項目的位置。例如，我們想移除索引位置為 2 的元素，即「new2」元素，可使用 a.pop(2) 函式。

```
a.pop(2)
print(a)       # Out : ['A001', 'John', False, 170, 72.5, 'new', 18]
```

split() 函式

split() 函式可將字串分割成串列，串列中的每個元素為獨立的元素。

```
s = "This is a test"
c = s.split()
print(c)       # Out: ['This', 'is', 'a', 'test']
```

split() 函式中，可加入一個參數來表示分割的字元符號。例如，我們希望以「--」字元為依據來分割字串：

```
d = "This--is--a--test".split("--")
print(d)    # Out: ['This', 'is', 'a', 'test']
```

當我們讀取文字檔案時，若文字檔中的字串的分界字元為逗號，則可使用 split(',') 函式來分割字串。

```
d = "This,is,a,test".split(",")
print(d)    # Out: ['This', 'is', 'a', 'test']
```

迭代存取串列

我們可使用 for 指令來迭代存取串列。

```
a = ['A001', 'John', False, 170, 72.5]
for x in a:
    print(x)

Out:
A001
John
False
170
72.5
```

列舉串列

若我們想迭代訪問串列，且得知每個項目的索引值，可使用 enumerate() 函式來列舉串列。

```
for (i, x) in enumerate(a):
    print(i, x)
```

```
Out:
0 A001
1 John
2 new2
3 False
4 170
5 72.5
```

若不想使用 enumerate() 函式來列舉串列，也可使用一個索引變數來計數索引值，並使用 [] 符號來存取串列內容值。

```
for i in range(len(a)):
    print(i, a[i])

Out:
0 A001
1 John
2 new2
3 False
4 170
5 72.5
```

排序串列

我們可使用 sort 指令來排序串列中的元素，排序後原本串列中的元素位置就改變了。

```
b = ["this", "is", "a", "test"]
b.sort()
print(b)    # Out: ['a', 'is', 'test', 'this']
```

若想保留原本的串列，可使用 copy() 函式來複製串列，再針對複製的串列進行排序。

```
import copy
b = ["this", "is", "a", "test"]
c = b.copy()
c.sort()
print(b)    # Out: ['this', 'is', 'a', 'test']
print(c)    # Out: ['a', 'is', 'test', 'this']
```

提取串列

若我們想取得串列中部分元素的子串列,可使用 [:] 符號。其中,[1:3] 表示從索引位置 1 至索引位置 2,請注意不包含 3,索引位置是由 0 開始。

```
mystr = ["a", "b", "c", "d"]
print(mystr[1:3])    # Out: ['b', 'c']
```

再看以下的範例,[:3] 表示取出索引位置 0、1、2,而 [3:] 表示自索引位置 3 開始至最後。

```
print(mystr[:3])     # Out: ['a', 'b', 'c']
print(mystr[3:])     # Out: ['d']
```

再看一個有趣的範例,負號表示索引位置由最後開始,所以 [-2:] 表示從最後開始數來取出二個元素;而 [:-2] 表示從索引位置 0 開始,直到倒數第二個元素,所以結果為 ['a', 'b']。

```
print(mystr[-2:])    # Out: ['c', 'd']
print(mystr[:-2])    # Out: ['a', 'b']
```

串列表達式

在 Python 中,為了協助我們進行串列元素的轉換,提供了串列表達式。語法如下:

```
[ 輸出表達式 for 元素 in 串列 ]
```

例如，我們可使用upper()函式至串列中的每個元素，將每個元素的字元改為大寫。

```
d = [x.upper() for x in mystr]
print(d)     # Out: ['A', 'B', 'C', 'D']
```

6.8 字典

我們可使用字典（Dictionary）來查閱表格，其中表格中的每一列都有鍵（Key）、值（Value）儲存格。假設我們有一個表格：

表 6-2　鍵值對

鍵	值
Simon	10
John	20
Peter	30

要建立字典，我們可使用 {} 符號。在以下指令中，鍵是字串，值是數值。

```
dic = {'Simon':10, 'John':20, 'Peter':30}
print(dic)    # Out: {'Simon': 10, 'John': 20, 'Peter': 30}
```

鍵與值可以是任意資料型別，且值還可以是另一個字典或串列。

```
a = {'key1':'value1', 'key2':2}
print(a)      # Out: {'key2': 2, 'key1': 'value1'}
b = {'key3':a}
print(b)      # Out: {'key3': {'key2': 2, 'key1': 'value1'}}
```

當我們在顯示字典的內容時，有一點要注意的是，它的順序不一定會跟我們建立時的順序相同。

存取字典

我們可使用 [] 符號來尋找或改變字典的鍵值對。

```
dic = {'Simon':10, 'John':20, 'Peter':30}
print(dic['Simon'])      # Out: 10
dic['Peter']=50
print(dic)      # Out: {'Simon': 10, 'John': 20, 'Peter': 50}
```

新增字典中的鍵值對

若要新增字典的鍵值對,只要加入新的鍵值對即可。

```
dic['Mary'] = 100
print(dic)     # Out: {'Simon': 10, 'John': 20, 'Mary': 100, 'Peter': 50}
```

移除字典中的鍵值對

pop 函式可讓我們移除字典中指定的鍵值對。

```
dic.pop('John')
print(dic)     # Out: {'Simon': 10, 'Mary': 100, 'Peter': 50}
```

迭代存取字典

我們可使用 for 指令來迭代訪問字典的鍵內容。

```
dic = {'Simon': 10, 'Mary': 100, 'Peter': 50}
for name in dic:
    print(name)


Out:
Simon
Mary
Peter
```

使用 values() 方法，可迭代訪問字典的鍵值對的值。

```
for value in dic.values():
    print(value)

Out:
10
100
50
```

若我們想同時迭代訪問鍵值對，可使用 items() 方法，程式碼如下：

```
for name, num in dic.items():
    print(name + " " + str(num))

Out:
Simon 10
Mary 100
Peter 50
```

6.9 元組

元組（Tuple）也是 Python 的一種資料型別，有點像串列，但元組是以小括號括住，而串列是以中括號括住。元組的範例如下：

```
tuple_sample = ('apple', 5, 88)
print(tuple_sample)   # Out: ('apple', 5, 88)
```

元組與串列還有一個不同點是，串列可以修改，而元組不能修改。

函式回傳多個數值

元組可用在函式中回傳多個數值。例如，若我們寫了一個函式，可以輸入絕對溫度，同時回傳攝氏溫度及華氏溫度，範例如下。其中，celsius 及 fahrenheit 即為元組資料型別。

```
def convert(kelvin):
    celsius = kelvin - 273
    fahrenheit = celsius * 9 / 5 + 32
    return celsius, fahrenheit

k=340
c, f =convert(k)
print(f"kelvin: {k}, celsius: {c}, fahrenheit: {f}")

Out:
kelvin: 340, celsius: 67, fahrenheit: 152.6
```

6.10 使用模組

在 Python 中，模組是一個包含 Python 程式碼的檔案，可以包含函式、類別和變數。使用模組可重用程式碼，並使程式碼更易於管理和維護。

import 指令

我們可使用 import 指令來匯入 Python 模組。例如，若我們要匯入 Python 內建的 random 模組，敘述如下。其中，randint(1, 6) 可回傳介於 [1, 6] 範圍的整數亂數值。

```
import random
print(random.randint(1,6))   # Out: 2
```

以這種方式匯入 random 模組時，若我們要使用模組中的函式，則必須要以「random.」當作函式的字首。

另一方面，若我們以下列敘述來匯入 random 模組的所有函式，則要使用模組中的函式時，就不需要使用任何的字首，可以直接呼叫函式名稱。

```
from random import *
print(randint(1,6))      # Out: 1
```

但 random 模組中的函式名稱有可能會跟其他的模組產生同名衝突，比較好的方式是使用下列方法來匯入 random 模組。其中，我們指定只匯入 random 模組中的 randint 函式，如此在呼叫 randint() 函式時，不用加入任何字首，且比較不會發生同名衝突。

```
from random import randint
print(randint(1,6))      # Out: 3
```

另一種匯入模組的方式是使用 as 關鍵字，給模組一個別名。使用範例如下：

```
import random as R
print(R.randint(1, 6))   # Out: 1
```

choice() 函式

若我們想在一個串列中隨機選出一個元素，可使用 random 模組的 choice() 函式。使用範例如下：

```
import random
print(random.choice(['a', 'b', 'c']))    # Out: c
print(random.choice(['a', 'b', 'c']))    # Out: a
```

格式化日期及時間

要格式化日期及時間，可匯入 Python 內建的 datetime 模組，並用一些特別符號。

例如，%Y、%m、%d 分別表示年、月、日，而 %H、%M、%S 則分別表示時、分、秒。使用範例如下：

```
from datetime import datetime
d = datetime.now()
print(d)                              # Out: 2024-08-02 01:33:22.369420
print("{:%Y/%m/%d %H:%M:%S}".format(d))        # 2024/08/02 01:33:22
```

6.11 在 Python 中執行 Linux 指令

system() 函式

我們可使用 system() 函式，在 Python 中執行 Linux 指令。例如，下列程式在執行後，會顯示 /home/pi 目錄下的內容，包含檔案及子目錄。

```
import os
print(os.system("ls /home/pi"))
```

check_output() 函式

若我們想在執行 Linux 指令時取得回傳值，像是我們希望執行 Linux 的 hostname 指令後取得 IP 位址，可使用 subprocess 模組中的 check_output() 函式。使用範例如下：

```
import subprocess

ip_byte = subprocess.check_output(['hostname', '-I'])
ip_str=ip_byte.decode('utf-8').split(" ")
print(ip_str[0])
```

```
Out:
192.168.1.119
```

其中，check_output() 會在執行 Linux 指令「hostname -I」後，回傳 byte 資料型別的字串，需要使用 decode() 將其解碼為字串，再將解碼後的字串以 split() 函式依空格分割成串列，再取出串列的第一個元素作為我們的 IP 位址。

6.12 檔案處理

寫入檔案

若我們想將資料寫入檔案，可使用 open、write、close 等函式，如下所示。其中，我們開啟了一個名為「test.txt」的檔案，開檔模式為寫入，並將「This is a test.」字串寫入檔案中，最後進行檔案的關閉。

```
f = open('test.txt', 'w')
f.write('This is a test.')
f.close()
```

open() 函式

open() 函式是 Python 內建的函式，此函式接受二個參數，第一個參數指定檔案的路徑，而第二個參數需要指定檔案的模式。可指定的檔案模式如下：

表 6-3　可指定的檔案模式

模式	描述
r	讀取檔案內容。
w	清空檔案再寫入資料。

模式	描述
a	將資料附加至原本內容最後面。
b	二進位模式，可讀寫二進位檔案，如影像檔案。
t	文字模式（預設）。
+	表示 r + w 的縮寫，可讀可寫模式。

上述的模式在指定時，可使用 + 號來組合。例如，若我們想以讀取及二進位模式來開啟檔案，敘述如下：

```
f = open('test.txt', 'r+b')
```

讀取檔案

要讀取檔案內容，可使用 open、read、close 等函式，如以下範例所示。其中，我們將讀取到的所有檔案內容，存入變數 s 中。

```
f = open('test.txt')
s = f.read()
f.close()
print(s)

Out:
This is a test.
```

有一點要注意的是，以讀取模式開啟「不存在」的檔案時，程式將會發生錯誤。

```
open('null.txt', 'r')

Out:
Traceback (most recent call last):
...
FileNotFoundError: [Errno 2] No such file or directory: 'null.txt'
```

在上述範例中，由於 null.txt 檔案不存在，所以發生開檔錯誤的訊息，此時我們需要進行例外的處理，如下一節所述。

6.13 例外處理

當程式執行時發生錯誤，若我們想捕捉錯誤，並以較友善的方式來顯示錯誤訊息，可使用 Python 的 try/except 敘述。例如，當我們存取一個串列時，若索引值超出串列的界限，此時便會發生執行錯誤，如下範例中的「IndexError: list index out of range」，告訴我們發生錯誤的原因為「索引值超出範圍」。

```
list = [1, 2, 3]
print(list[4])


Out:
Traceback (most recent call last):
...
IndexError: list index out of range
```

try / except 敘述

發生執行錯誤時，Python 會終止程式的執行。若我們不希望程式被終止執行，我們可加入 try/except 敘述來捕捉錯誤，並以自訂的訊息來顯示錯誤的原因，如以下範例。其中，「out of range」是我們自訂的錯誤訊息，而 print(e) 表示印出 Python 提供的原始錯誤訊息。

```
list = [1, 2, 3]
try:
    print(list[8])
except Exception as e:
    print("out of range")
    print(e)
```

```
Out:
out of range
list index out of range
```

再舉一個範例,我們在開啓檔案時,若希望開檔有錯誤時,可以顯示「Cannot open the file」的錯誤訊息,程式碼如下。其中,except IOError 敘述表示我們要指定捕捉 IOError 的例外錯誤,此錯誤會在開啓檔案發生錯誤時產生。

```
try:
    f = open('null.txt')
    s = f.read()
    f.close()
except IOError:
    print("Cannot open the file")

Out:
Cannot open the file
```

try / except / else / finally 敘述

我們也可加入 try / except / else / finally 敘述來捕捉錯誤,如以下範例所示。此時若沒有錯誤發生,會印出 list[2] 的元素值,執行 else 下的敘述,且不管是否有錯誤發生,finally 下的敘述一定會被執行。

```
list = [1, 2, 3]
try:
    print(list[2])
except:
    print("out of range")
else:
    print("in range")
finally:
    print("always do this")
```

```
Out:
3
in range
always do this
```

07

Python GPIO控制

7.1　Raspberry Pi GPIO
7.2　點亮 LED
7.3　LED 閃爍程式
7.4　控制 LED 的亮度
7.5　連接按鈕開關
7.6　按鈕控制 LED
7.7　切換 LED 亮滅
7.8　消除按鈕按下的抖動
7.9　偵測物體運動
7.10　使用 I2C 16x2 字元液晶顯示器
7.11　測量 Raspberry Pi CPU 溫度
7.12　DHT11 讀取環境溫濕度
7.13　資料記錄到 USB 隨身碟
7.14　使用 OLED 圖形顯示器

7.1 Raspberry Pi GPIO

Raspberry Pi 5 單板電腦上有一個 40 腳排針，即是 Raspberry Pi 的 GPIO，我們可以使用這些接腳來進行硬體控制。在圖 7-1 中，顯示了 Raspberry Pi 5 GPIO 每支腳的名稱及相關資訊。

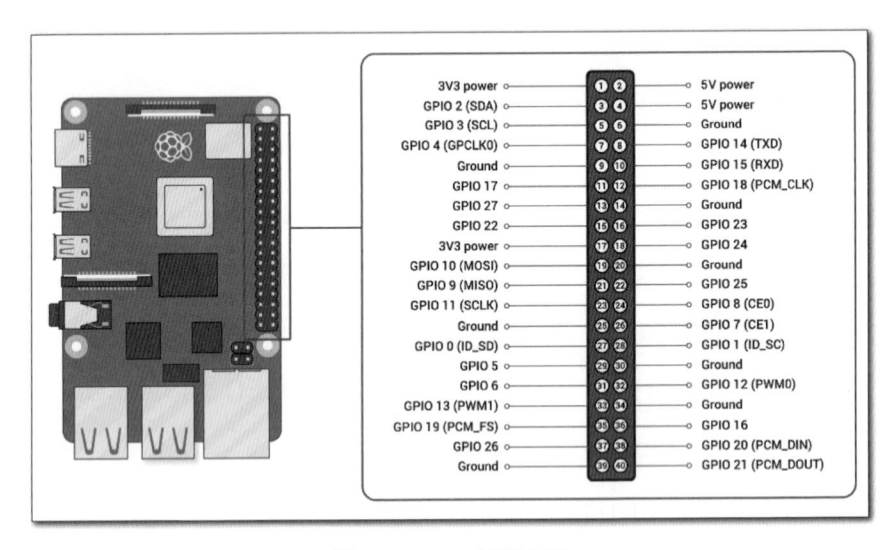

圖 7-1　GPIO 接腳名稱

Raspberry Pi 5 的 GPIO 接腳可設定為輸入或輸出，說明如下：

- 若指定為輸出，接腳的高電位為 3.3V，低電位為 0V。
- 若指定為輸入，接腳可讀取的高電位為 3.3V，低電位為 0V。可以透過內部上拉或下拉電阻來連接欲讀取的輸入訊號。其中，接腳 GPIO2 及 GPIO3 有固定的上拉電阻，而其他接腳則可透過軟體進行設定。

權限

為了使用 Raspberry Pi 的 GPIO，使用者必須屬於 gpio 群組。Raspberry Pi 預設的使用者已內定屬於 gpio 群組，但若我們想要新增使用者，則可使用下列指令，讓新使用者屬於 gpio 群組。

```
$ sudo usermod -aG gpio <username>
```

說明

- username：新使用者的名稱。

GPIO 使用注意事項

在使用 Raspberry Pi GPIO 進行硬體控制時，有一些要注意的地方：

- 有電流輸出的限制，每個接腳輸出最大為 16mA，所以通常會透過電流放大電路來驅動裝置，建議不要直接驅動負載。
- GPIO 為 3.3V 準位，加上沒有保護電路，所以不要輸入 5V 電壓到 GPIO 接腳上。
- GPIO 不是即插即用的介面，除了要非常小心避免電路接錯外，在開啟 Raspberry Pi 電源情況下，不要隨意增加或修改 GPIO 的硬體電路。

gpiozero 模組

Raspberry Pi 中的 Python 軟體套件，已經為我們安裝了 gpiozero 模組。若我們要使用 Python 程式來控制 Raspberry Pi 的 GPIO，則我們需要這個模組。

7.2 點亮 LED

我們先練習如何使用 Python 控制台來點亮 LED。

實作材料

- Raspberry Pi 5 × 1
- LED × 1
- 330Ω 電阻 × 1

🤖 連接至 Raspberry Pi

請將 LED 的正極連 330Ω 電阻後，再接至 Raspberry Pi 5 的 GPIO17 腳位，LED 的負極接 GND 腳位，如圖 7-2 所示。

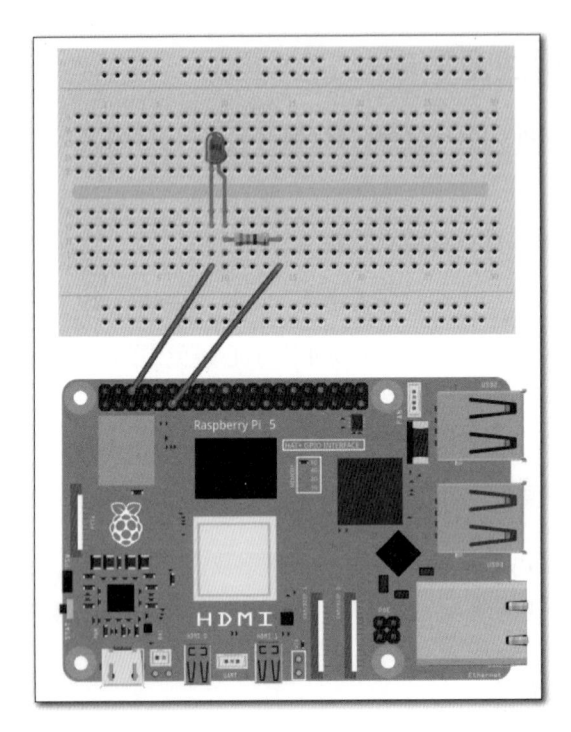

圖 7-2　Rapsberry Pi 連接 LED

🤖 實作步驟

STEP/ **01** 進入 Python 控制台，匯入 gpiozero 模組。

```
$ python3
>>> import gpiozero
```

STEP/ **02** 下列指令使用 gpiozero 提供的 LED 類別，指定 LED 的腳位為 GPIO17。

```
>>> led = gpiozero.LED(17)
```

STEP/ **03** 要點亮 LED，可使用 LED 類別提供的 on() 方法，指令如下：

```
>>> led.on()
```

STEP/ **04** 要熄滅 LED，指令如下：

```
>>> led.off()
```

STEP/ **05** 輸入 exit() 指令，離開 Python 控制台。

```
>>> exit()
$
```

7.3 LED 閃爍程式

了解如何在 Python 控制台中，以 Python 語法控制 LED 的亮滅後，現在我們來寫一個 LED 閃爍的 Python 程式。

😊 安裝 VS Code 套件

STEP/ **01** 我們可以啟動 Visual Studio Code 來編寫 Python 程式。若還沒有安裝此套件，指令如下：

```
$ sudo apt update
$ sudo apt install code
```

STEP/ **02** 撰寫程式前，我們先建立一個 gpio 目錄，用來存放我們撰寫的 gpio 程式。

```
$ mkdir gpio
```

STEP/ **03** 我們可使用下列指令來啟動 Visual Studio Code。

```
$ cd  gpio
$ code  .
```

實作材料

❏ Raspberry Pi 5 × 1

❏ LED × 1

❏ 330Ω 電阻 × 1

連接至 Raspberry Pi

請將 LED 的正極連 330Ω 電阻後，再接至 Raspberry Pi 5 的 GPIO17 腳位，LED 的負極接 GND 腳位，如圖 7-2 所示。

範例 7-1

LED 閃爍的 Python 程式如下：

```
from gpiozero import LED
from time import sleep

led = LED(17)

while True:
    led.on()
    sleep(1)
    led.off()
    sleep(1)
```

time.sleep() 函式可用來讓 Raspberyy Pi 進入休眠，單位是秒。

輸入完成後，按 Ctrl+S 鍵，將程式存檔，檔名為「gp01.py」。若要執行程式，可以在 Visual Studio Code 的程式編輯視窗中，按 Ctrl+F5 鍵或是開啓終端機，以下列指令執行程式：

```
$ python3  gp01.py
```

執行後，即可看到連接在 Raspberry Pi 上的 LED 在閃爍，閃爍時間為 1 秒。若要離開程式，請按 Ctrl+C 鍵。

7.4 控制 LED 的亮度

PWM

PWM 的全名是「脈衝寬度調變」（Pulse Width Modulation），是一種用來控制功率輸出的方法，特別是在調節馬達速度、調光 LED 以及控制伺服機等應用。PWM 透過改變訊號的脈衝寬度來控制輸出電壓或電流，進而調節功率。

PWM 訊號是一個具有固定頻率的方波，其中開和關的時間比例決定了平均輸出電壓，這種比例稱為「工作週期」（duty cycle），以百分比表示。例如，如果工作週期是 50%，那麼訊號在一半的時間內是高電位，另一半的時間內是低電位。

在本小節中，我們將使用 PWM 技術來控制 LED 的亮度。

實作材料

❏ Raspberry Pi 5 × 1

❏ LED × 1

❏ 330Ω 電阻 × 1

連接至 Raspberry Pi

將 LED 的正極連 330Ω 電阻後，再接至 Raspberry Pi 5 的 GPIO17 腳位，LED 的負極接 GND 腳位，如圖 7-2 所示。

PWMLED 類別

若我們想控制 LED 的亮度，可以使用 gpiozero.PWMLED 類別，語法如下：

```
gpiozero.PWMLED(pin, frequency=hz)
```

說明

❏ pin：LED 腳位。

❏ frequency：PWM 頻率，預設為 100Hz。

PWMLED 類別有許多屬性，其中 value 是常用屬性，可用來設定 PWM 的工作週期。value 的值介於 0.0 至 1.0，表示 HIGH 電壓在 PWM 頻率中所占的百分比；數值越大，表示平均輸出電壓越高。

範例 7-2

控制 LED 的亮度，我們希望 LED 可以由暗慢慢變亮，暫停 1 秒後，再由亮慢慢變暗。

```
from gpiozero import PWMLED
from time import sleep

led = PWMLED(17)

while True:
    for b in range(0, 101, 5):
        led.value = b / 100.0
        sleep(0.1)
    sleep(1)
    for b in range(100, -1, -5):
```

```
        led.value = b / 100.0
        sleep(0.1)
    sleep(1)
```

輸入完成後，請將其儲存為 gp02.py。要執行程式，可以開啓終端機，以下列指令執行程式：

```
$ python3  gp02.py
```

執行後，即可看到連接在 Raspberry Pi 上的 LED 慢慢由暗變亮；暫停 1 秒後，再由亮慢慢變暗；再暫停 1 秒後，慢慢由暗變亮，重複此動作。若要離開程式，請按 Ctrl + C 鍵。

7.5 連接按鈕開關

實作材料

❑ Raspberry Pi 5 × 1
❑ 按鈕開關 × 1

連接至 Raspberry Pi

將按鈕開關的一支腳連接至 Raspberry Pi 的 GPIO18 腳位，另一支腳連接至 GND，如圖 7-3 所示。

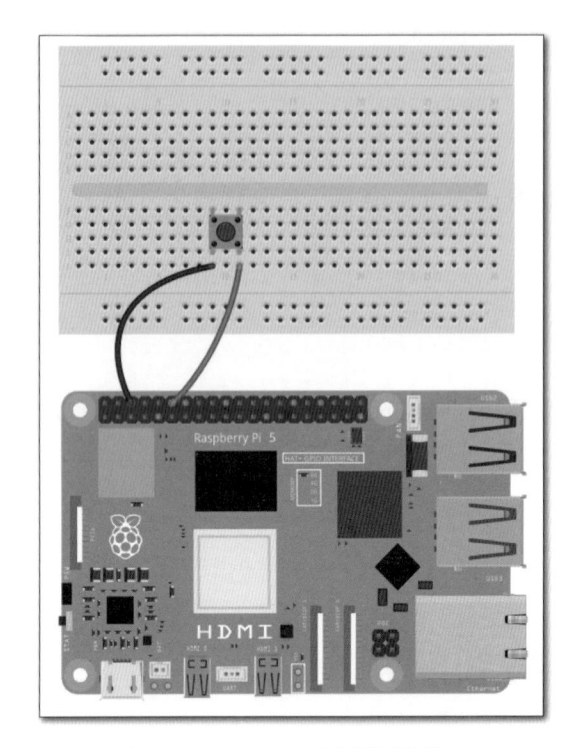

圖 7-3　Raspberry Pi 連接按鈕開關

Button 類別

使用 gpiozero.Button 類別，可方便我們檢查按鈕是否有被按下。使用方法如下：

```
gpiozero.Button(pin)
```

說明

- pin：表示按鈕訊號的腳位。

當我們建立 Button 物件時，預設會將 GPIO 內部電阻上拉至 3.3V。例如，我們設定 Button 物件如下：

```
button = gpiozero.Button(18)
```

此時的按鈕電路示意圖，如圖 7-4 所示。

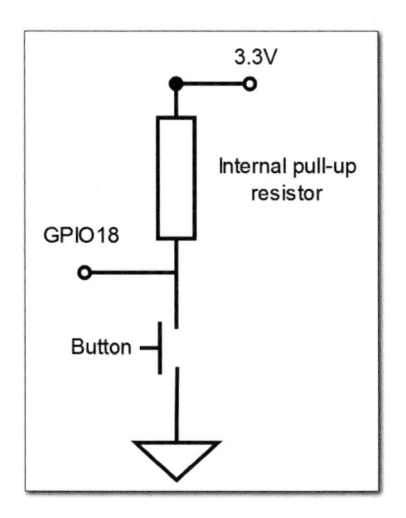

圖 7-4　按鈕開關電路示意圖

Button 類別包括：

❏ is_pressed、is_held 屬性。

❏ when_pressed、when_released、when_held 回呼函式。

❏ wait_for_press()、wait_for_release 方法。

範例 7-3

當我們按下按鈕時，終端機會顯示 Pressed 字串，否則會顯示 Released 字串。

```
from gpiozero import Button
from time import sleep

button = Button(18)

while True:
    if button.is_pressed:
        print("Pressed")
    else:
        print("Released")

    sleep(0.2)
```

147

輸入完成後，將其儲存為 gp03.py。若要執行程式，可以開啟終端機，以下列指令執行程式：

```
$ python3  gp03.py
```

執行後，即可看到終端機每隔 0.2 秒會偵測一次是否有按下按鈕。若沒有按下，則顯示 Release 字串；若有按下按鈕，則顯示 Pressed 字串。若要離開程式，請按 Ctrl + C 鍵。

7.6 按鈕控制 LED

實作材料

- Raspberry Pi 5 × 1
- LED × 1
- 330Ω 電阻 × 1
- 按鈕開關 × 1

連接至 Raspberry Pi

將 LED 的正極接 330Ω 電阻後，再連接至 Raspberry Pi 5 的 GPIO17 腳位，LED 的負極接至 GND 腳位。按鈕開關的一支腳連接至 Raspberry Pi 的 GPIO18 腳位，另一支腳連接至 GND，如圖 7-5 所示。

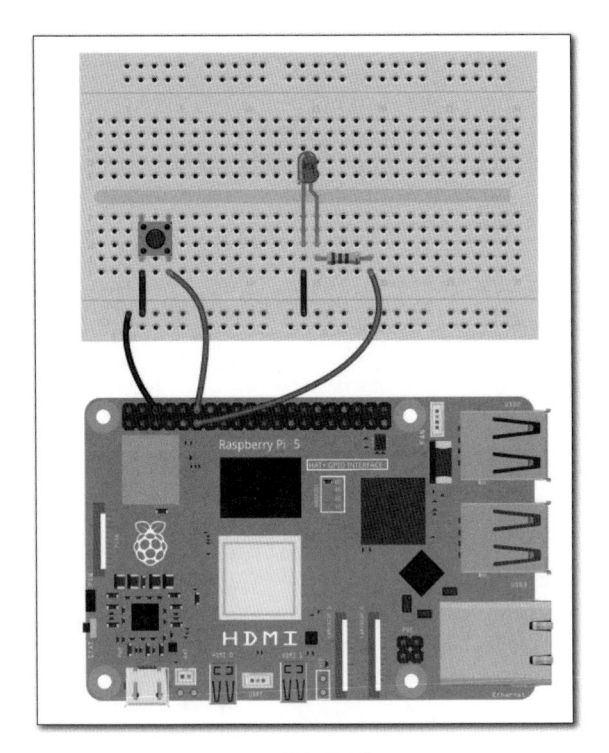

Chapter 07 Python GPIO 控制

圖 7-5　按鈕控制 LED

範例 7-4

當我們按下按鈕時，LED 會亮；而當我們放開按鈕時，LED 會熄滅。

```
from gpiozero import LED, Button
from time import sleep

led = LED(17)
button = Button(18)

while True:
    if button.is_pressed:
        led.on()
    else:
        led.off()
```

```
    sleep(0.2)
```

若使用 Button 類別的 wait_for_press() 及 wait_for_release() 方法，上述程式可改寫如下：

```
from gpiozero import LED, Button
from time import sleep

led = LED(17)
button = Button(18)

while True:
    button.wait_for_press()
    led.on()
    button.wait_for_release()
    led.off()
    sleep(0.2)
```

若使用 Button 類別的 when_pressed 及 when_released 回呼函式，則上述程式可改寫如下：

```
from gpiozero import LED, Button
from time import sleep

led = LED(17)
button = Button(18)

button.when_pressed = led.on
button.when_released = led.off
sleep(0.2)
```

輸入完成後，將其儲存為 gp04.py。若要執行程式，可以開啟終端機，以下列指令執行程式：

```
$ python3  gp04.py
```

執行後,測試一下當我們按下按鈕時,LED 是否會亮;而當我們放開按鈕時,LED 是否會暗。

7.7 切換 LED 亮滅

在 gp04.py 程式中,我們按下按鈕,LED 亮;放開按鈕後,LED 滅。現在我們將修改程式,希望按鈕按一下,LED 亮,再按一下,LED 滅;也就是說,每按一下按鈕,即反相 LED 的狀態。

實作材料

❏ Raspberry Pi 5 × 1
❏ LED × 1
❏ 330Ω 電阻 × 1
❏ 按鈕開關 × 1

連接至 Raspberry Pi

將 LED 的正極接 330Ω 電阻後,再連接至 Raspberry Pi 5 的 GPIO17 腳位,LED 的負極接至 GND 腳位。按鈕開關的一支腳連接至 Raspberry Pi 的 GPIO18 腳位,另一支腳連接至 GND,如圖 7-5 所示。

LED 類別的 toggle() 方法

gpiozero.LED 類別的 toggle() 方法,可以切換 led 物件的狀態。若 LED 狀態為 on,執行後狀態會轉為 off;若 LED 狀態為 off,執行後狀態會轉為 on。

範例 7-5

每按一下按鈕，反相 LED 的狀態。

```python
from gpiozero import LED, Button
from time import sleep

led = LED(17)
button = Button(18)

while True:
    button.wait_for_press()
    led.toggle()
    sleep(0.2)
```

在程式中，button.wait_for_press() 敘述會等待使用者按下按鈕。若使用者按下按鈕，則執行 led.toggle() 敘述來改變 led 的狀態，可在每按一下按鈕時，反相 LED 的狀態。最後，我們加上 sleep(0.2)，讓程式暫停 0.2 秒，以避免機械按鈕的彈跳。

輸入完成後，將其儲存為 gp05.py。若要執行程式，可以開啟終端機，以下列指令執行程式：

```
$ python3  gp05.py
```

執行後，測試是否可以按一下按鈕，LED 亮；再按一下按鈕，LED 滅。

7.8 消除按鈕按下的抖動

按鈕開關的抖動

按鈕開關的抖動也稱為「bounce」，是指當按鈕被按下或鬆開時，接觸點會因為機械震動而多次快速接通和斷開，這會導致電路中的電流波動。這種現象會影響到電子裝置的正常運作，因為系統可能會錯誤地解讀這些多次接通和斷開的訊號。

軟體去抖動

在範例 7-5 中，我們在程式的後面加上 sleep(0.2)，讓程式暫停 0.2 秒，來避免機械按鈕的彈跳。除了使用此方法外，在 gpiozero 的 Button 類別中，我們可以加入 bounce_time 參數來進行開關的去抖動，此參數決定開關狀態的錯誤變化應忽略的時間，單位為「秒」。

範例 7-6

當按下按鈕後，使用軟體去抖動。

```python
from gpiozero import LED,Button
from time import sleep

def toggle_led():
    print("toggling")
    led.toggle()


led=LED(17)
button=Button(18, bounce_time=0.2)
button.when_pressed = toggle_led

while True:
    print("Busy doing")
    sleep(2)
```

輸入完成後，將其儲存為 gp06.py。若要執行程式，可以開啟終端機，以下列指令執行程式：

```
$ python3  gp06.py
```

執行後，每隔 2 秒會顯示「Busy doing」。按一下按鈕，會顯示「toggling」，且按一下按鈕，LED 亮，再按一下按鈕，LED 滅。

7.9 偵測物體運動

PIR 感測器

被動紅外線感測器（PIR 感測器）是一種常見的運動檢測裝置，廣泛應用於安全系統、燈光控制和自動門等領域。PIR 感測器透過檢測紅外線輻射的變化來感知運動。

由於動物體或人體都會輻射紅外線，所以 PIR 主要偵測移動中的紅外線源，若偵測到紅外線源，輸出值為 HIGH，否則輸出值為 LOW。在本小節中，我們使用的 PIR 感測器如圖 7-6 所示。

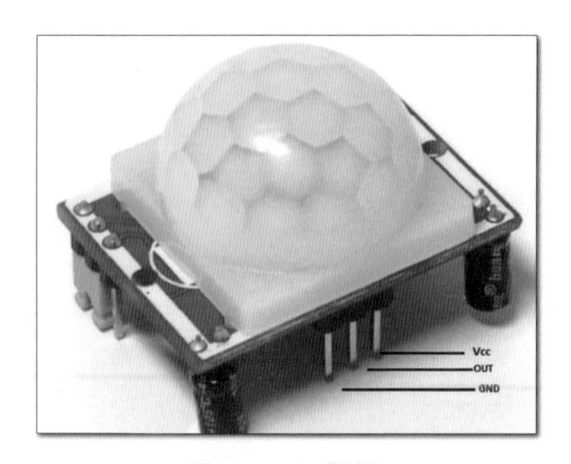

圖 7-6　PIR 感測器

實作材料

❏ 母對母跳線 × 3 條
❏ PIR 運動偵測器模組 × 1

連接至 Raspberry Pi

請將 PIR 腳位連接至 Raspberry Pi 對應的腳位，如表 7-1 所示。

表 7-1　PIR 腳位連接至 Raspberry Pi 對應的腳位

PIR	Raspberry Pi
VCC	5V
GND	GND
OUT	GPIO 27

MotionSensor 類別

gpiozero 為 PIR 感測器提供了一個 MotionSensor 類別，可以對 PIR 輸出訊號進行監視。若有偵測到物體運動，此類別的 motion_detected 屬性值會回傳 True。

範例 7-7

使用 PIR 感測器偵測物體運動。

```
from gpiozero import MotionSensor
from time import sleep

pir=MotionSensor(27)

while True:
    if pir.motion_detected:
        print("Motion detected!")
    else:
        print("No Motion detected")

    sleep(2)
```

輸入完成後，將其儲存為 gp07.py。若要執行程式，可以開啟終端機，以下列指令執行程式：

```
$ python3  gp07.py
```

執行後，每隔2秒會檢查PIR是否有偵測到物件。若有偵測到物件，顯示「Motion detected」，否則顯示「No Motion detected」。

7.10 使用 I2C 16x2 字元液晶顯示器

16x2 LCD

16x2 LCD（Liquid Crystal Display）是一種常見的顯示裝置，通常用於嵌入式系統、計算機和其他電子裝置上。名稱中的「16x2」表示該顯示器有16個字元×2列，即單一列可以顯示16個字元的長度，共有2列。

在本小節中，我們使用I2C 16x2 LCD顯示器，如圖7-7所示。I2C介面基於PCF8574T晶片，預設I2C位址為0x27。

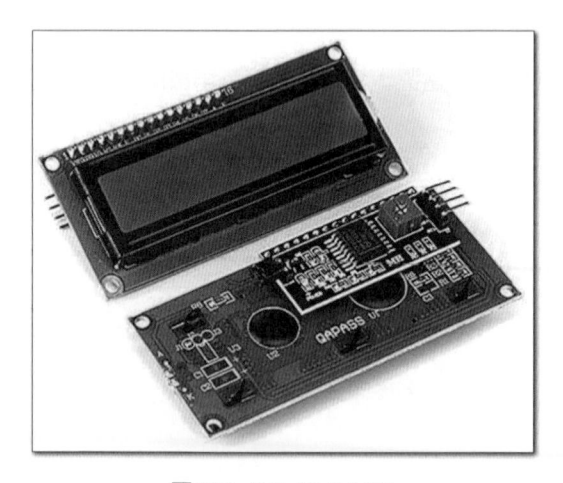

圖 7-7　I2C 16x2 LCD

實作材料

❏ 母對母跳線 × 4 條

❏ I2C 16x2 LCD × 1

連接至 Raspberry Pi

將 LCD 腳位連接至 Raspberry Pi 對應的腳位，如表 7-2 所示。

表 7-2　LCD 腳位連接至 Raspberry Pi 對應的腳位

I2C 16x2 LCD	Raspberry Pi
VCC	5V
GND	GND
SDA	GPIO 2 (SDA)
SCL	GPIO 3 (SCL)

啟用 I2C 介面

將 I2C LCD 連接至 Raspberry Pi 後，Raspberry Pi 須啟用 I2C。步驟如下：

STEP/ **01** 點選 Raspberry Pi 的「主選單」，選擇「偏好設定→ Paspberry Pi 設定」選項。

STEP/ **02** 出現圖 7-8 的畫面，點選「介面」標籤，再啟用「I2C」選項，並按下「確定」按鈕。

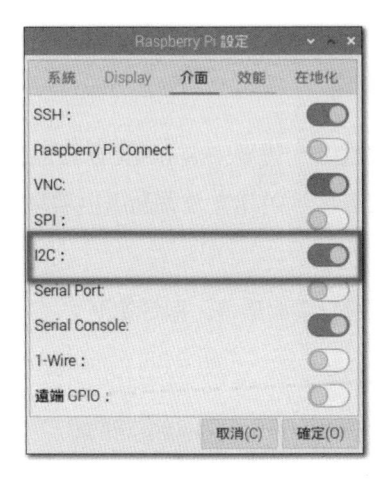

圖 7-8　啟用 I2C 介面

掃描連接 I2C 的裝置

在 Linux 中，i2cdetect 是一個用來檢測 I2C 匯流排上裝置的工具，它可以列出連接到 I2C 匯流排上的所有裝置位址。I2cdetect 的使用範例如下：

```
$ sudo i2cdetect -y 1
```

說明

- -y：表示關閉互動模式，不顯示警告訊息。
- 1：表示 I2C 的匯流排編號。

執行結果，如圖 7-9 所示。可看到 LCD 的 I2C 位址為 0x27。

圖 7-9　偵測 I2C 匯流排裝置

安裝 RPLCD 套件

Raspberry Pi 要使用 I2C LCD，需要安裝 RPLCD 套件。但是 Bookworm 不允許我們直接使用 pip 指令來安裝套件，須建立及啟動虛擬環境後，才能使用 pip 指令安裝套件。

STEP/ 01 我們在 gpio 目錄下建立虛擬環境，指令如下：

```
$ cd gpio
$ python3 -m venv --system-site-packages venv
```

STEP/ 02 建立後啟動虛擬環境，指令如下：

```
$ source venv/bin/activate
```

Chapter 07　Python GPIO 控制

STEP/ **03** 以 pip 指令安裝 RPLCD 套件。

```
$ pip install RPLCD
```

😊 使用 RPLCD 套件

STEP/ **01** 我們需要初始化 LCD，設定 LCD 及其 I2C 位址。使用範例如下：

```
from RPLCD import CharLCD
lcd = CharLCD(i2c_expander='PCF8574', address=0x27, port=1, rows=2, dotsize=8)
```

STEP/ **02** 若要將文字顯示在 LCD 上，可使用 write_string() 函式。

```
lcd.write_string('Hello, World')
```

STEP/ **03** 若要改變 LCD 的游標位置，可使用 cursor_pos() 函式。

```
lcd.cursor_pos=(1,0)    # 游標移至 LCD 的第二列開始的位置
```

STEP/ **04** 若要清除 LCD 畫面，可使用 clear() 方法。

```
lcd.clear()
```

範例 7-8

在 I2C 16x2 LCD 上顯示文字。

```python
from RPLCD.i2c import CharLCD

lcd = CharLCD(i2c_expander='PCF8574', address=0x27,
              port=1, rows=2, dotsize=8)

lcd.clear()
lcd.write_string('Hello World')
lcd.cursor_pos=(1,0)
lcd.write_string('Nice to meet you')
```

輸入完成後，將其儲存為 gp08.py。若要執行程式，可以開啟終端機，以下列指令執行程式：

```
$ python3  gp08.py
```

執行後，會在 LCD 的第一列顯示「Hello World」，第二列顯示「Nice to meet you」，如圖 7-10 所示。

圖 7-10　在 I2C LCD 顯示文字

7.11 測量 Raspberry Pi CPU 溫度

CPUTemperature 類別

使用 goiozero.CPUTemperature 類別，讀取類別中的 temperature 屬性值，可以取得 Raspberry Pi 的 CPU 溫度。使用範例如下：

```
cpu = CPUTemperature()
cpu_temp = str(cpu.temperature)
```

範例 7-9

讀取 Raspberry Pi CPU 溫度，將其顯示至 LCD。

```
from RPLCD.i2c import CharLCD
from time import sleep
```

```
from gpiozero import CPUTemperature

lcd = CharLCD(i2c_expander='PCF8574', address=0x27,
              port=1, rows=2, dotsize=8)

while True:
    cpu = CPUTemperature()
    cpu_temp = str(cpu.temperature)
    mess = f"TEMP: {cpu_temp} C"
    print(mess)
    lcd.clear()
    lcd.write_string(mess)
    sleep(5)
```

輸入完成後，將其儲存為 gp09.py。若要執行程式，可以開啟終端機，以下列指令執行程式：

```
$ python3  gp09.py
```

執行後，每隔 5 秒會印出目前 Raspberry Pi CPU 的溫度。顯示訊息範例為「TEMP: 50.7 C」，此訊息會顯示在 LCD 的第一列。

7.12 DHT11 讀取環境溫濕度

DHT11

DHT11 是一種常用的溫濕度感測器，非常適合用於 DIY 和教育專案。在本小節中，我們使用的 DHT11 感測器如圖 7-11 所示。

圖 7-11　DHT11 感測器

😊 實作材料

❏ 母對母跳線 × 3 條

❏ DHT11 × 1

😊 連接至 Raspberry Pi

將 DHT11 腳位連接至 Raspberry Pi 對應的腳位，如表 7-3 所示。

表 7-3　DHT11 腳位連接至 Raspberry Pi 對應的腳位

DHT11	Raspberry Pi
VCC	3.3V
GND	GND
OUT	GPIO 4

😊 安裝 adafruit-dht 套件

要在 Raspberry Pi 中使用 DHT11 感測器，我們須安裝 adafruit-circuitpython-dht 套件，指令如下：

```
$ pip install adafruit-circuitpython-dht
```

😊 使用 adafruit-dht 套件

STEP/ **01** 我們先匯入套件。由於 DHT 使用一條資料線傳輸資料，因此匯入 board 套件。

```
import adafruit_dht
import board
```

STEP/ **02** 初始化 DHT11。

```
dht=adafruit_dht.DHT11(board.D4)
```

說明

❏ board.D4：表示 DHT11 的資料線，連接至 Raspberry Pi 的 GPIO4。

STEP/ **03** 讀取溫度及濕度，敘述如下：

```
temp = dht.temperature
hum = dht.humidity
```

範例 7-10

使用 DHT11 顯示溫濕度。

```
import adafruit_dht
from time import sleep
import board

dht=adafruit_dht.DHT11(board.D4)

while True:
    try:
        temp = dht.temperature
        hum = dht.humidity
        print(f"Temperature:{temp}C, Humidity: {hum}%")
    except RuntimeError as error:
        print(error.args[0])
```

```
            sleep(2.0)
            continue
    except Exception as error:
        dht.exit()
        raise error

    sleep(2.0)
```

說明

- RuntimeError：DHT 感測器有時可能會回傳錯誤（如 CRC 校驗失敗）。若遇到這類錯誤，會顯示錯誤訊息，暫停 2 秒後重新嘗試讀取。
- Exception：如果發生未預期的錯誤，會呼叫 dht.exit() 來關閉感測器，然後 raise error 重新拋出錯誤。

輸入完成後，將其儲存為 gp10.py。若要執行程式，可以開啟終端機，以下列指令執行程式：

```
$ python3  gp10.py
```

執行後，每隔 2 秒會印出目前的溫度及濕度。

```
Temperature:31C, Humidity: 78%
...
```

7.13 資料記錄到 USB 隨身碟

當我們將 USB 隨身碟插入至 Raspberry Pi 中，它會自動將其安裝在 /media/pi 下。若要查看此 USB 隨身碟的裝置檔案，指令如下：

```
$ ls  /media/pi
```

```
Out:
3B49-DCF8
```

glob 模組

在 Python 中，glob 模組提供了一個用於檔案模式匹配的工具，允許我們使用萬用字元來尋找符合特定模式的檔案和目錄，這在檔案處理和管理任務中非常有用。

若要查詢 /media/pi 目錄下的所有檔案及目錄，指令如下：

```
logging_folder = glob.glob('/media/pi/*')[0]
```

由於 glob.glob() 會回傳 /media/pi 目錄下的所有檔案及目錄，所以只取出第一個找到的裝置檔案。

CSV 格式

CSV（Comma-Separated Values，逗號分隔值）是一種常見的資料檔案格式，常用於將表格資料以純文字形式儲存。CSV 檔案中的每一行代表資料表中的一行，行中的欄位由逗號分隔。CSV 格式被廣泛應用於資料交換和儲存，因為它簡單且易於與不同的應用程式進行互動。

範例 7-11

每 10 秒記錄一次溫度及濕度，並將紀錄儲存至 USB 隨身碟，儲存格式為 CSV 格式。

```
import glob, time, datetime
import adafruit_dht
import board

dht=adafruit_dht.DHT11(board.D4)

log_period = 10 # seconds
```

```python
logging_folder = glob.glob('/media/pi/*')[0]
print(f"logging folder: {logging_folder}")

dt = datetime.datetime.now()
file_name = f"temp_log_{dt:%Y_%m_%d}.csv"
logging_file = logging_folder + '/' + file_name

def log_temp():
    temp = dht.temperature
    hum = dht.humidity
    dt = datetime.datetime.now()
    f = open(logging_file, 'a')
    line = f'\n"{dt:%H:%M:%S}","{temp}","{hum}"'
    f.write(line)
    print(line)
    f.close()

print("Logging to: " + logging_file)
while True:
    log_temp()
    time.sleep(log_period)
```

輸入完成後，將其儲存為 gp11.py。若要執行程式，可以開啟終端機，以下列指令執行程式：

```
$ python3  gp11.py
```

執行後，會先印出「logging folder」及「logging file」，接著每隔 10 秒將目前時間及溫濕度寫入 USB 隨身碟。

```
logging folder: /media/pi/3B49-DCF8
Logging to: /media/pi/3B49-DCF8/temp_log_2024_10_02.csv

"19:09:28","29","75"
....
```

7.14 使用 OLED 圖形顯示器

🤖 OLED

OLED（Organic Light Emitting Diode，有機發光二極體）是一種顯示技術，利用有機化合物在電流驅動下自發光來顯示圖像和文字。由於不需要背光源，所以 OLED 顯示器可實現更高的對比度和更深的黑色，且可製作得非常輕薄。

在本小節中，我們採用的 OLED 顯示器如圖 7-12 所示。此 OLED 基於 SSD1306 驅動晶片，是使用 I2C 的 OLED 顯示器。

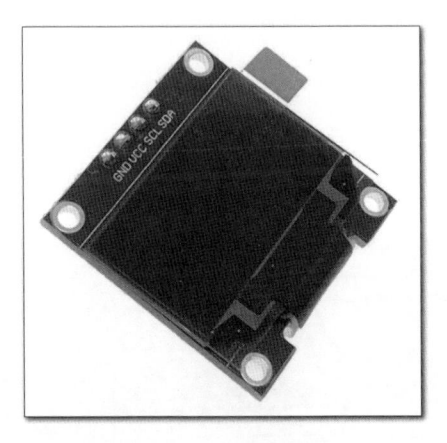

圖 7-12　OLED 顯示器

🤖 實作材料

- 母對母跳線 × 4 條
- I2C OLED 顯示器（128 × 64 像素）

🤖 連接至 Raspberry Pi

請將 OLED 腳位連接至 Raspberry Pi 對應的腳位，如表 7-4 所示。

表 7-4　OLED 腳位連接至 Raspberry Pi 對應的腳位

I2C OLED	Raspberry Pi
VCC	5V
GND	GND
SDA	GPIO 2 (SDA)
SCL	GPIO 3 (SCL)

掃描連接 I2C 的裝置

將 I2C OLED 顯示器連接至 Raspberry Pi 後，請記得啟用 Raspberry Pi 的 I2C 介面，並使用 I2cdetect 指令列出連接到 I2C 匯流排上的所有裝置位址。

```
$ sudo i2cdetect -y 1
```

執行結果，如圖 7-13 所示。可看到 OLED 的 I2C 位址為 0x3C。

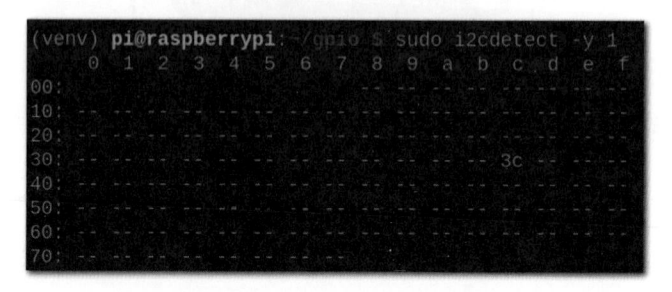

圖 7-13　OLED 的 I2C 位址

安裝 adafruit-ssd1306 套件

STEP/ 01 要在 Raspberry Pi 中使用 OLED 顯示器，可以安裝 adafruit-ssd1306 套件，指令如下：

```
$ pip install adafruit-circuitpython-ssd1306
```

STEP/ 02　此套件會使用到 Python 影像函式庫 PIL 及 NumPy 模組。若還未安裝 PIL 函式庫，安裝指令如下：

```
$ pip install pillow
```

使用 adafruit-ssd1306 套件

STEP/ 01　我們需要初始化 OLED，設定 OLED 及其 I2C 位址，程式如下：

```
disp = adafruit_ssd1306.SSD1306_I2C(128, 64, i2c, addr=0x3C)
```

STEP/ 02　若要將 OLED 設為空白顯示，程式如下：

```
disp.fill(0)
disp.show()
```

STEP/ 03　若要設定繪製的圖形為黑白（1-bit）格式，且 OLED 的寬度及高度為 width 及 height，程式如下：

```
image = Image.new('1', (width, height))
draw = ImageDraw.Draw(image)
```

STEP/ 04　要在 OLED 上顯示文字，我們先使用 draw.rectangle() 函式，將 OLED 設為空白（黑色），再使用 draw.text() 函式，將文字以白色顯示出來。程式範例如下：

```
draw.rectangle((0,0,width,height), outline=0, fill=0)
draw.text((0, 0), '顯示文字', font= 字型 , fill=255)
```

範例 7-12

在 OLED 顯示器上顯示系統時間及日期。

```
import board
from PIL import Image, ImageDraw, ImageFont
```

```python
import adafruit_ssd1306
from time import sleep
from datetime import datetime

i2c=board.I2C()
disp=adafruit_ssd1306.SSD1306_I2C(128, 64, i2c, addr=0x3c)
small_font=ImageFont.truetype('FreeSans.ttf', 18)
large_font=ImageFont.truetype('FreeSans.ttf', 30)

disp.fill(0)
disp.show()

width=disp.width
height=disp.height
print(width, height)
image=Image.new('1',(width, height)) # 1: binary mode
draw=ImageDraw.Draw(image)

def disp_mess(top_line, line_2):
    draw.rectangle((0,0,width, height), outline=0, fill=0)
    draw.text((0,0), top_line, font=large_font, fill=255)
    draw.text((0,40), line_2, font=small_font, fill=255)
    disp.image(image)
    disp.show()

while True:
    now=datetime.now()
    date_mess=f"{now:%Y %m %d}"
    time_mess=f"{now:%H:%M:%S}"
    print(date_mess, time_mess)
    disp_mess(time_mess, date_mess)
    sleep(1)
```

輸入完成後，將其儲存為 gp12.py。若要執行程式，可以開啟終端機，以下列指令執行程式：

```
$ python3  gp12.py
```

執行後,每隔1秒會在OLED顯示Raspberry Pi目前的系統時間及日期,如圖7-14所示。

圖7-14 在OLED顯示系統時間及日期

M•E•M•O

08

OpenCV影像處理

8.1 OpenCV 簡介
8.2 安裝 OpenCV 套件
8.3 讀取及顯示影像
8.4 取得影像資訊
8.5 寫入及儲存影像
8.6 色彩空間轉換
8.7 影像平移
8.8 影像旋轉
8.9 影像放大縮小

8.10 影像仿射轉換
8.11 影像投影轉換
8.12 加強影像
8.13 影像模糊化
8.14 影像邊緣偵測
8.15 二值化黑白影像
8.16 侵蝕和膨脹影像
8.17 影像輪廓偵測

8.1 OpenCV 簡介

　　OpenCV 是一款開源電腦視覺及機器學習軟體函式庫，包含了超過 2500 個影像及視訊分析的演算法。OpenCV 的全稱是「Open Source Computer Vision Library」，是一個跨平台的電腦視覺庫。OpenCV 是由英特爾公司發起並參與開發，以 BSD 授權條款授權發行，可在商業和研究領域中免費使用，其可用於開發即時的影像處理、電腦視覺以及模式識別程式，目前已應用於人機互動、臉部辨識、動作辨識、運動追蹤等領域。

8.2 安裝 OpenCV 套件

建立虛擬環境

STEP/ 01　我們先建立 venv_opencv 目錄。

```
$ mkdir  venv_opencv
```

STEP/ 02　我們在 venv_opencv 目錄下，建立一個名為「venv」的目錄，其中包含虛擬環境的所有文件及目錄。

```
$ cd  venv_opencv
$ python  -m  venv  venv
```

STEP/ 03　若要啟動虛擬環境，指令如下：

```
$ source  venv/bin/activate
```

🤖 安裝套件

STEP/ **01** 安裝 OpenCV 套件,指令如下:

```
$ pip install opencv-python
```

STEP/ **02** 安裝 Matplotlib 套件,指令如下:

```
$ pip install matplotlib
```

🤖 測試 OpenCV 是否有安裝成功

STEP/ **01** 安裝完 OpenCV 套件後,在終端機中輸入「python3」,進入 Python3 直譯器環境,並試著匯入 OpenCV 函式庫。

```
$ python3
>>> import cv2
>>>
```

STEP/ **02** 若沒有出現任何錯誤訊息,表示 OpenCV 安裝完成。

🤖 查看 OpenCV 版本

STEP/ **01** 可使用下列指令,來查看目前匯入的 OpenCV 函式庫的版本。

```
>>>cv2.__version__
'4.10.0'
```

STEP/ **02** 若要離開 Python 直譯器環境,則輸入 exit() 函式。

```
>>> exit()
```

8.3 讀取及顯示影像

imread() 函式

在 OpenCV 中，若要讀取影像檔案，可使用 imread() 函式。此函式的語法如下：

```
cv2.imread(filename, flag)
```

說明

- filename：欲讀取的影像路徑及名稱。
- flag：讀取旗標。常用值如下：① cv2.IMREAD_COLOR：讀取彩色影像，其值為 1，為預設值；② cv2.IMREAD_GRAYSCALE：以灰階模式讀取影像，其值為 0；③ cv2.IMREAD_UNCHANGE：以影像原始模式讀取影像，其值為 -1。

若我們要讀取 images 目錄下的 girl.jpg 影像，並儲存至 img 變數，敘述如下：

```
img = cv2.imread("images/girl.jpg")
```

我們沒有加入 flag 讀取旗標，表示要讀取彩色影像。

讀取影像後，我們可判斷 img 變數是否存在；若不存在，表示讀取失敗，終止程序的執行。程式碼如下：

```
if img is None:
    print("Image not found")
    sys.exit(1)
```

imshow() 函式

我們可使用 OpenCV 的 imshow() 函式來顯示影像。此函式的語法如下：

```
cv2.imshow(win_name, img)
```

說明

❏ win_name：顯示視窗名稱。

❏ img：影像變數。

若我們要將 img 影像變數顯示在名稱為 Image 的視窗中，敘述如下：

```
cv2.imshow("Image", img)
```

waitKey() 函式

為了讓使用者可觀看顯示的影像，通常會在影像顯示後加入等待一段時間，直到使用者按任意鍵或時間到，才繼續執行程式。OpenCV 的 waitKey() 函式可用來等待與讀取使用者按下的按鍵，此函式的語法為：

```
key = cv2.waitKey(n)
```

說明

❏ n：等待時間，單位為毫秒；若 n 為 0，表示等待時間為無限長。

❏ key：回傳值。如果在等待期間按下某個鍵，waitKey() 會回傳該鍵的 ASCII 值；如果沒有按下某個鍵，則回傳 -1。

destroyWindow() 函式

OpenCV 的 destroyWindow() 函式可用來關閉指定名稱的顯示視窗，語法如下：

```
cv2.destroyWinodw( 視窗名稱 )
```

destroyAllWindows() 函式

若要關閉所有開啟的顯示視窗，可使用 destroyAllWindows() 函式，語法如下：

```
cv2.destroyAllWindows()
```

範例 8-1

讀取影像後,顯示影像,按任意鍵後關閉所有開啓的視窗。

```python
import cv2
import sys

# 讀取影像
img = cv2.imread('images/girl.jpg')

# 判斷影像是否存在
if img is None:
    print("Image not found")
    sys.exit(1)

# 顯示影像
cv2.imshow('image', img)

# 等待按鍵
cv2.waitKey(0)

# 關閉視窗
cv2.destroyAllWindows()
```

執行結果,如圖 8-1 所示。

圖 8-1　讀取及顯示影像

8.4 取得影像資訊

🤖 shape 屬性

讀取影像後，可透過影像變數的 shape 屬性，來取得影像的高度、寬度及通道數。使用範例如下：

```
print(img.shape)

out:
(484, 512, 3)
```

🤖 size 屬性

透過影像變數的 size 屬性，可取得影像的像素總數。像素總數為「高度 × 寬度 × 通道數」。使用範例如下：

```
print(img.size)

out:
743424
```

🤖 dtype 屬性

透過影像的 dtype 屬性，可取得影像的資料型別。使用範例如下：

```
print(img.dtype)

out:
uint8
```

8.5 寫入及儲存影像

imwrite() 函式

在 OpenCV 中，我們可使用 imwrite() 函式，將處理好的影像寫入及儲存至另一個影像檔。此函式的語法如下：

```
cv2.imwrite(filename, img, paras)
```

說明

❏ filename：儲存影像的檔案路徑及名稱。

❏ img：要儲存的影像變數。

❏ paras：影像壓縮品質。

範例 8-2

讀取影像後，轉為灰階，將新影像另存新檔。

```
import cv2
import sys

# 讀取影像，轉為灰階
img = cv2.imread('images/girl01.jpg', cv2.IMREAD_GRAYSCALE)
if img is None:
    print("Image not found")
    sys.exit(1)

# 顯示影像
cv2.imshow('Gray Image', img)

# 儲存影像
cv2.imwrite('images/gray_img.jpg', img)
```

```
# 等待按鍵
cv2.waitKey(0)

# 關閉視窗
cv2.destroyAllWindows()
```

執行結果，如圖 8-2 所示。

圖 8-2　將彩色影像轉為灰階

8.6　色彩空間轉換

當 OpenCV 使用 imread() 讀取影像檔時，儲存的色彩空間不是熟知的 RGB（紅藍綠），而是 BGR（藍綠紅）。

cvtcolor() 函式

OpenCV 的 cvtColor() 函式可讓影像在不同色彩空間中轉換，語法如下：

```
cv2.cvtColor(img, code)
```

說明

❏ img：輸入影像。

❏ code：要轉換的色彩空間名稱。常用的 code 如下：① cv2.BGR2RGB：BGR 轉 RGB；② cv2.BGR2GRAY：BGR 轉 GRAY（灰階）；③ cv2.BGR2HSV：BGR 轉 HSV。

若我們要將讀取的影像轉成灰階，程式如下：

```
cv2.cvtColor(img, cv2.COLOR_BGR2GRAY)
```

HSV 色彩空間

HSV 是一種比 RGB 色彩空間更直觀的顏色表示方式，特別適合用於影像處理和電腦視覺應用。HSV 色彩空間包含了色相（Hue）、飽和度（Saturation）和明度（Value），說明如下：

表 8-1　HSV 說明

名稱	說明
色相（Hue）	色相表示顏色的基本類型，如紅色、藍色、綠色等。色相的值域為 0 到 179，對應於色環的一個圓周。
飽和度（Saturation）	飽和度表示顏色的純度或強度。飽和度越高，顏色越純；飽和度越低，顏色越灰。飽和度的值域為 0 到 255。
明度（Value）	明度表示顏色的亮度。亮度越高，顏色越亮。明度的值域為 0 到 255。

BGR 轉 HSV

在 OpenCV 中，若要將 BGR 色彩空間轉換為 HSV 色彩空間，語法如下：

```
hsv_img = cv2.cvtColor(img, cv2.COLOR_BGR2HSV)
```

說明

❏ hsv_img：其是一個三維陣列，維度分別是影像的列數、行數、色彩通道數。

色彩通道數又分成三個通道，分別是 H（色相）通道、S（飽和度）通道、V（明度）通道。我們可在顯示影像時，分別顯示這三個通道，語法如下：

```
cv2.imshow('H channel', hsv_img[:, :, 0])   # 顯示 H 通道
cv2.imshow('S channel', hsv_img[:, :, 1])   # 顯示 S 通道
cv2.imshow('V channel', hsv_img[:, :, 2])   # 顯示 V 通道
```

範例 8-3

讀取影像後，轉換為 HSV 影像，並分別顯示 H 通道、S 通道、V 通道的影像。

```
import cv2
import sys

# 讀取影像
img = cv2.imread('images/girl01.jpg')
if img is None:
    print("Image not found")
    sys.exit(1)

# BGR 轉 HSV
hsv_img=cv2.cvtColor(img, cv2.COLOR_BGR2HSV)

# 顯示 HSV 通道
cv2.imshow('H channel', hsv_img[:, :, 0])   # 顯示 H 通道
cv2.imshow('S channel', hsv_img[:, :, 1])   # 顯示 S 通道
cv2.imshow('V channel', hsv_img[:, :, 2])   # 顯示 V 通道
cv2.waitKey(0)
cv2.destroyAllWindows()
```

程式的執行結果，如圖 8-3 所示。

圖 8-3　HSV 通道影像

8.7 影像平移

影像平移轉換矩陣

影像平移即加減影像的 X 及 Y 座標值。它的轉換矩陣如下：

$$M = \begin{bmatrix} 1 & 0 & t_x \\ 0 & 1 & t_y \end{bmatrix}$$

其中，tx, ty 即是影像的位移值，它會將影像往右移 tx 像素，往下移 ty 像素。若要將影像往右移 70 像素，往下移 110 像素，轉換矩陣的敘述如下：

```
import numpy as np
matrix = np.float32([[1,0,70],[0,1,110]])
```

warpAffine() 函式

使用 OpenCV 的 warpAffine() 函式，可依據轉換矩陣進行影像的轉換運算，並回傳新影像。此函式的語法如下：

```
cv2.warpAffine(img, M, (w, h))
```

説明

❏ img：輸入影像。

❏ M：轉換矩陣。

❏ (w, h)：轉換後的影像寬度及高度。

若要執行轉換矩陣 matrix，將影像往右移 70 像素，往下移 110 像素，敘述如下：

```
img2=cv2.warpAffine(img, matrix, (num_cols+140, num_rows+220))
```

説明

❏ (num_cols+140, num_rows+220)：是轉換後影像的列數及行數。由於平移後的影像，若不變更影像的列數及行數，平移後會有截圖的現象，因此我們增加了轉換後影像的列數及行數，如此即可看到位移後的完整影像，且可在影像的四周留有黑色的框框。

範例 8-4

讀取影像後，將影像往右移 70 像素，往下移 110 像素。

```python
import cv2
import numpy as np
import sys

# 讀取影像
img=cv2.imread('images/girl01.jpg')
if img is None:
    print("Image not found")
    sys.exit(1)

# 取得影像的高（列數）、寬（行數）
num_rows, num_cols = img.shape[:2]

# 平移轉換矩陣
matrix = np.float32([[1,0,70],[0,1,110]])
```

```
# 執行轉換
img2=cv2.warpAffine(img, matrix, (num_cols+140, num_rows+220))

# 顯示影像
cv2.imshow('Translation', img2)
cv2.waitKey(0)
cv2.destroyAllWindows()
```

範例的執行結果,如圖 8-4 所示。

圖 8-4　影像平移

8.8　影像旋轉

getRotationMatrix2D() 函式

OpenCV 的 getRotationMatrix2D() 函式可指定影像的旋轉點,取得旋轉影像的轉換矩陣。函式的語法如下:

getRotationMatrix2D(center, angle, scale)

說明

❑ center：輸入影像的旋轉中心。

❑ angle：旋轉角度（單位為度），正值代表順時針旋轉，左上角設為原點。

❑ scale：放大比率。

請記住，執行 getRotationMatrix2D() 函式，只是取得旋轉影像的轉換矩陣，還需執行 warpAffine() 函式，以執行轉換矩陣。

範例 8-5

讀取影像後，影像以中心為旋轉點，旋轉 60 度。

```
import cv2
import numpy as np
import sys

# 讀取影像
img=cv2.imread('images/girl01.jpg')   # 取得影像
if img is None:
    print("Image not found")
    sys.exit(1)

# 取得影像的列數、行數
num_rows, num_cols = img.shape[:2]

# 平移轉換矩陣，向右移影像行數的一半，向下移影像列數的一半
matrix=np.float32([[1,0,int(num_cols*0.5)],[0,1,int(num_rows*0.5)]])

# 平移運算，結果影像的大小為原影像的 2 倍
img2=cv2.warpAffine(img,matrix,(num_cols*2,num_rows*2))

# 旋轉的轉換矩陣，旋轉中心為原本影像的 ( 行數，列數 )，旋轉 60 度
matrix=cv2.getRotationMatrix2D((num_cols, num_rows),60,1)
```

```
# 旋轉運算，結果影像的大小為原影像的 2 倍，避免截圖現象
img3=cv2.warpAffine(img2, matrix, (num_cols*2, num_rows*2))

# 顯示影像
cv2.imshow('Rotation', img3)
cv2.waitKey(0)
cv2.destroyAllWindows()
```

範例的執行結果，如圖 8-5 所示。

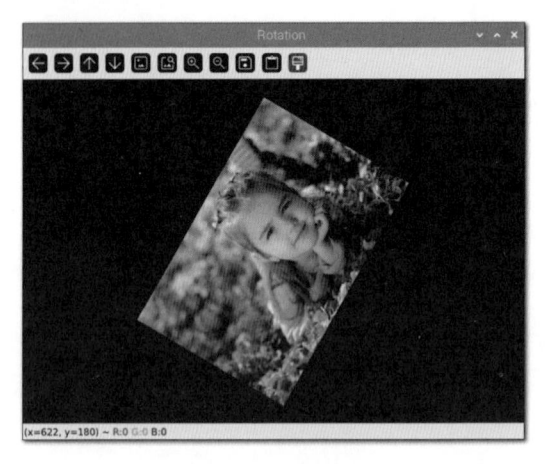

圖 8-5　影像旋轉

8.9　影像放大縮小

resize() 函式

OpenCV 的 resize() 函式可將影像輸出為指定的尺寸。此函式的語法如下：

```
cv2.resize(img, dsize, fx=0, fy=0, interpolation=INTER_LINEAR)
```

說明

❑ img：輸入影像。

❑ dsize：輸出影像的大小，可設定為 (width, height)。

❑ fx：水平縮放比率。

❑ fy：垂直縮放比率。

❑ interpolation：內插方式，有以下幾種可選：① CV_INTER_NEAREST：最鄰近插點法；② CV_INTER_LINEAR：雙線性插補（預設）；③ CV_INTER_AREA：鄰域像素再取樣插補；④ CV_INTER_CUBIC：雙立方插補，4×4 大小的補點；⑤ CV_INTER_LANCZOS4：Lanczos 插補，8×8 大小的補點。

當我們縮小影像時，使用 CV_INTER_AREA 會有比較好的效果；當我們放大影像，CV_INTER_CUBIC 會有最好的效果，但是計算花費時間較多；而使用 CV_INTER_LINEAR 能在影像品質和花費時間上取得不錯的平衡。

範例 8-6

讀取影像後，使用不同的內插法，將影像放大 1.2 倍。

```
import cv2
import sys

# 取得影像
img=cv2.imread('images/girl01.jpg')
if img is None:
    print("Image not found")
    sys.exit(1)

# 放大 1.2 倍，內插方式不同
img2=cv2.resize(img, None, fx=1.2,fy=1.2, interpolation=cv2.INTER_LINEAR)
img3=cv2.resize(img, None, fx=1.2,fy=1.2, interpolation=cv2.INTER_CUBIC)

# 顯示影像
cv2.imshow('Scaling-Linear', img2)
cv2.imshow('Scaling-Cubic', img3)
```

```
cv2.waitKey(0)
cv2.destroyAllWindows()
```

程式執行結果，如圖 8-6 所示。左邊為使用 cv2.INTR_LINEAR，右邊為使用 cv2.INTR_CUBIC，可看到使用 cv2.INTR_CUBIC 後，改善放大影像的品質，但是計算花費時間較多。

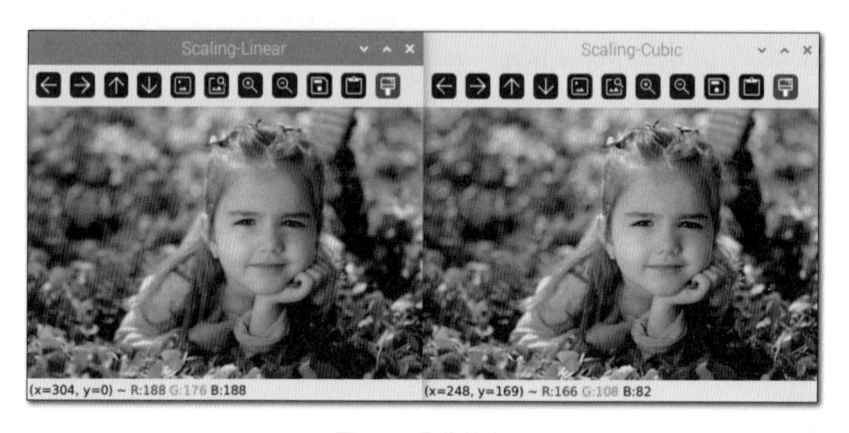

圖 8-6　影像放大

8.10 影像仿射轉換

getAffineTransform() 函式

我們可在原始影像中選擇三個控制點，並將其仿射至目的影像。使用 OpenCV 的 getAffineTransform() 函式，可取得仿射轉換的轉換矩陣。此函式的語法如下：

```
getAffineTransform(src, dst)
```

說明

❏ src：包含三個點的陣列。

❏ dst：包含三個點的陣列。

dst 和 src 的點須相對，也就是 src[0] 轉換後的點為 dst[0]，src[1] 轉換後的點為 dst[1]。

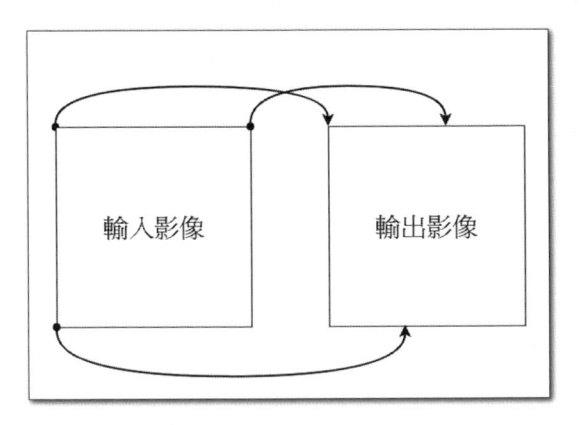

圖 8-7　選取仿射轉換控制點

若我們選擇的三個控制點如圖 8-7 所示，則執行仿射轉換的程式碼如下：

```
# 取得影像的列數及行數
rows,cols=img.shape[:2]

# src 影像的 [ 左上角點 , 右上角點 , 左下角點 ]
src=np.float32([[0,0],[cols-1,0],[0,rows-1]])

# dst 影像的 [ 左上角點 , 上 60% 的點 , 下 40% 的點 ]
dst=np.float32([[0,0],[int(0.6*(cols-1)),0],[int(0.4*(cols-1)),rows-1]])

# 取得仿射轉換矩陣
matrix=cv2.getAffineTransform(src,dst)

# 仿射轉換運算
img2=cv2.warpAffine(img,matrix,(cols,rows))
```

請記住，執行 getAffineTransform() 函式，只是取得仿射轉換的轉換矩陣，還需執行 warpAffine() 函式，以執行轉換矩陣。

範例 8-7

讀取影像後,選擇三個控制點(如圖 8-7 所示),執行仿射轉換。

```
import cv2
import numpy as np
import sys

# 取得影像
img=cv2.imread('images/girl01.jpg')
if img is None:
    print("Image not found")
    sys.exit(1)

# 取得影像的列數及行數
rows,cols=img.shape[:2]

# src 影像的 [ 左上角點, 右上角點, 左下角點 ]
src=np.float32([[0,0],[cols-1,0],[0,rows-1]])

# dst 影像的 [ 左上角點, 上 60% 的點, 下 40% 的點 ]
dst=np.float32([[0,0],[int(0.6*(cols-1)),0],[int(0.4*(cols-1)),rows-1]])

# 取得仿射轉換矩陣
matrix=cv2.getAffineTransform(src,dst)

# 仿射轉換運算
img2=cv2.warpAffine(img,matrix,(cols,rows))

# 顯示結果影像
cv2.imshow('Affine',img2)
cv2.waitKey(0)
cv2.destroyAllWindows()
```

範例的執行結果,如圖 8-8 所示。

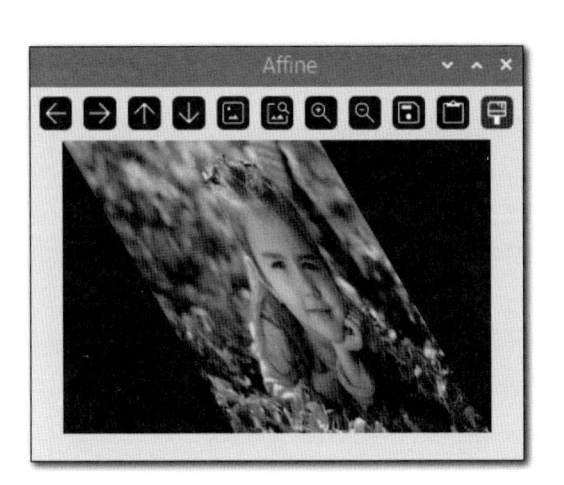

圖 8-8　仿射轉換

8.11 影像投影轉換

　　仿射轉換雖然不錯，但有一定的限制，投影轉換可給我們更多的自由。要了解投影轉換，我們需要了解投影幾何是如何工作的。

　　投影幾何是一種描述當視角改變時，影像會發生什麼。例如，如果我們站在一張紙上，正方形畫在我們的前面，它將看起來像一個正方形。當開始傾斜那張紙時，正方形將開始越來越像梯形。而投影轉換讓我們以一種很好的數學方式，來捕捉這種動態。

　　投影轉換有時也稱為「單應性」（Homography）。若以相機拍攝場景來理解，是指兩台相機拍攝同一場景，但兩台相機之間只有旋轉角度的不同，沒有任何位移，則這兩台相機之間的關係稱為「單應性」。

　　透過投影轉換，我們可將平面上兩個具單應性的影像轉換成任何的影像，這可以有許多的應用，如擴增實境、影像校正，或是計算兩個影像之間的相機運動。更進一步，若我們可提取單應性矩陣中的相機旋轉和平移訊息，我們就可將該訊息應用在導航，或者是將 3D 物件的模型插入到影像或視訊中。

getPerspectiveTransform() 函式

我們可在原始影像中選擇四個控制點，並將其映射至目的影像。使用 OpenCV 的 getPerspectiveTransform() 函式，可取得投影轉換的轉換矩陣。此函式的語法如下：

```
getPerspectiveTransform(src, dst)
```

說明

- src：包含四個點的陣列。
- dst：包含四個點的陣列。

dst 和 src 的點須相對的，也就是 src[0] 轉換後的點為 dst[0]，src[1] 轉換後的點為 dst[1]。

warpPerspective() 函式

OpenCV 的 warpPerspective() 函式可用來執行投影轉換。此函式的語法如下：

```
warpPerspective(src, Matrix, dsize)
```

說明

- src：輸入影像。
- Matrix：投影轉換的轉換矩陣。
- dsize：影像大小。

範例 8-8

讀取影像後，選擇四個控制點，執行投影轉換。

```python
import cv2
import numpy as np
import sys

# 讀取影像
```

```python
img=cv2.imread('images/girl01.jpg')
if img is None:
    print("Image not found")
    sys.exit(1)

# 取得影像的列數及行數
rows,cols=img.shape[:2]

# 選取投影轉換的四個點
# src 影像的左上角，右上角，左下角，右下角的點
src=np.float32([[0,0],[cols-1,0],[0,rows-1],[cols-1,rows-1]])

# dst 影像的左上角，右上角，下 40%，下 60% 的點
dst=np.float32([[0,0],[cols-1,0],[int(0.4*(cols-1)),rows-1],[int(0.6*cols-1),rows-1]])

# 取得投影轉換的轉換矩陣
matrix=cv2.getPerspectiveTransform(src,dst)

# 執行投影轉換
img2=cv2.warpPerspective(img,matrix,(cols,rows))

# 顯示影像
cv2.imshow('Affine',img2)
cv2.waitKey(0)
cv2.destroyAllWindows()
```

範例的執行結果，如圖 8-9 所示。

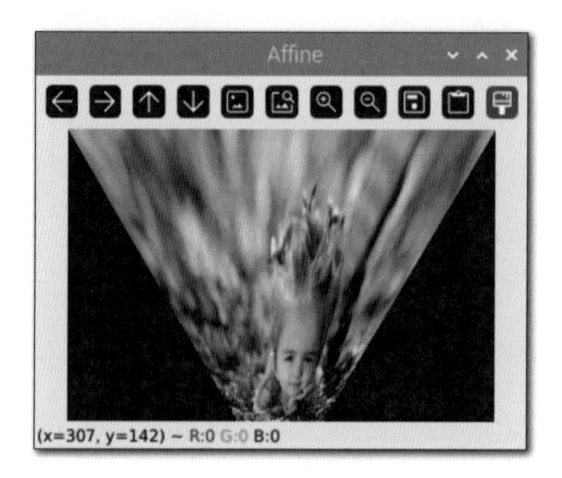

圖 8-9　投影轉換

8.12 加強影像

😊 convertScaleAbs() 函式

OpenCV 的 convertScaleAbs() 函式可將影像像素值進行縮放、平移，並轉換為絕對值，這在影像處理中非常有用，可增強影像的對比度及亮度。此函式的語法如下：

```
output = cv2.convertScaleAbs(img, alpha, beta)
```

說明

❏ img：來源影像。

❏ alpha：縮放因子，用於縮放影像的像素值。

❏ beta：平移量，用於平移影像的像素值。

detailEnhance() 函式

OpenCV 的 detailEnhance() 函式可用來強化影像中的細節，使影像更清楚。此函式的語法如下：

```
output = cv2.detailEnhance(img, sigma_s=10, sigma_r=0.15)
```

說明

- img：輸入影像。
- sigma_s：空間範圍濾波器的尺度，用於控制細節的增強程度。較大的值會增強更多細節，預設值為 10。
- sigma_r：亮度範圍濾波器的尺度，用於控制對比度的增強程度。較小的值會保存更多的顏色邊緣，預設值為 0.15。

使用 Matplotlib 顯示多張圖形

使用 OpenCV 顯示多張圖形時，會同時開啟多個視窗，不方便進行圖形間的比較。除了使用 OpenCV 的 imshow() 函式顯示圖形外，我們也可使用 Matplotlib 的 imshow() 函式來顯示影像，再使用 show() 函式顯示圖形視窗。要注意的是，使用 Matplotlib 的 imshow() 顯示影像時，影像須為 RGB 格式。

若要在一個視窗中顯示多張圖形，可使用 Matplotlib 的 subplot() 函式，此函式的語法如下：

```
plt.subplot(row, column, index)
```

說明

- row：圖形視窗的列數。
- column：圖形視窗的行數。
- index：子圖的索引。

例如，下列敘述表示圖形視窗有 2 列、2 行，而子圖為第一張圖。

```
plt.subplot(2,2,1)
```

plt.subplot(2,2,1) 也可以寫成 plt.subplot(221)。

使用 Matplotlib 的 subplot() 函式,若要在一個圖形視窗中顯示三張子圖,程式範例如下:

```
plt.subplot(221)
plt.imshow(img_rgb)
plt.title('original image')
plt.subplot(222)
plt.imshow(img_bright)
plt.title('bright image')
plt.subplot(223)
plt.imshow(img_enhance)
plt.title('enhance image')
plt.show()
```

範例 8-9

讀取影像後,將其轉為 RGB,儲存為第一張影像。增加原影像的亮度,儲存為第二張影像。進行影像的細節強化,儲存為第三張影像。使用 matplotlib 在一個圖形視窗中,顯示三張影像。

```
import cv2
import sys
import matplotlib.pyplot as plt

# 讀取影像
img=cv2.imread('images/girl01.jpg')
if img is None:
    print("Image not found")
    sys.exit(1)

# 轉為 rgb
img_rgb = cv2.cvtColor(img, cv2.COLOR_BGR2RGB)

# 加強影像,增加亮度
```

```
img2 = cv2.convertScaleAbs(img, alpha=1.2, beta=10)
img_bright = cv2.cvtColor(img2, cv2.COLOR_BGR2RGB)

# 強化影像細節
img3=cv2.detailEnhance(img)
img_enhance=cv2.cvtColor(img3, cv2.COLOR_BGR2RGB)

# 顯示影像
plt.subplot(221)
plt.imshow(img_rgb)
plt.title('original image')
plt.subplot(222)
plt.imshow(img_bright)
plt.title('bright image')
plt.subplot(223)
plt.imshow(img_enhance)
plt.title('enhance image')
plt.show()
```

執行結果，如圖 8-10 所示。

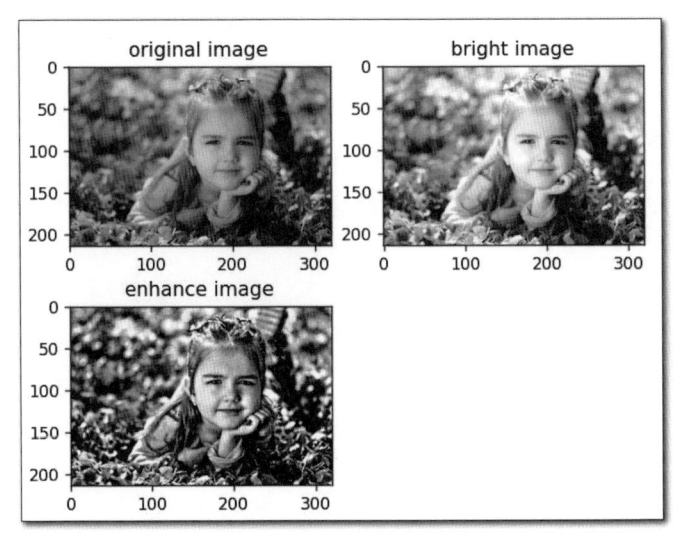

圖 8-10　影像加強

8.13 影像模糊化

模糊是指對鄰域內的像素值求平均值，也稱為「低通濾波」。所謂低通濾波，是指允許低頻率並阻止較高頻率的濾波器。在影像中，頻率是指像素的變化率，所以尖銳的邊緣可視為一種高頻的內容，而低通濾波器將會試著平滑邊緣。這在處理含有雜訊的影像時特別有用，因為它可使影像中的細小瑕疵變得不那麼明顯。

blur() 函式

OpenCV 的 blur() 函式可計算指定區域所有像素的平均值，再將平均值取代中心像素。此函式的語法如下：

```
cv2.blur(img, ksize)
```

說明

- img：輸入影像。
- ksize：指定區域大小。增加 ksize 的大小，將會在較大的區域進行平均化，會增加平滑效果。

GaussianBlur() 函式

OpenCV 的 GaussianBlur() 函式會使用高斯分布進行模糊化的計算。此函式的語法如下：

```
cv2.GaussianBlur(img, ksize, 0)
```

說明

- img：輸入影像。
- ksize：指定區域大小，必須為正奇數。

medianBlur() 函式

OpenCV 的 medianBlur() 函式可計算指定區域所有像素的中位數，取代中心像素。此函式的語法如下：

```
cv2.mediaBlur(img, ksize)
```

說明

- img：輸入影像。
- ksize：指定區域大小。

範例 8-10

讀取影像後，將影像加入雜訊，再分別使用 blur()、GaussianBlur() 及 medianBlur() 進行模糊化，並比較模糊化的結果。

```python
import cv2
import sys
import numpy as np
import matplotlib.pyplot as plt

# 影像加入雜訊
def add_gaussian_noise(image, mean=0, std=25):
    noise = (np.random.normal(mean, std, image.shape)*0.02).astype(np.uint8)
    noisy_image = cv2.add(image, noise)
    return noisy_image

# 取得影像
img=cv2.imread('images/girl01.jpg')
if img is None:
    print("Image not found")
    sys.exit(1)

# 轉為 rgb
img = cv2.cvtColor(img, cv2.COLOR_BGR2RGB)
```

```python
# 加入雜訊
noisy = add_gaussian_noise(img)
# blur
img_blur = cv2.blur(noisy, (5,5))

# Gaussian
img_gaussian = cv2.GaussianBlur(noisy, (5, 5),0)

# Median
img_median = cv2.medianBlur(noisy, 5)

# 顯示影像
plt.subplot(221)
plt.imshow(noisy)
plt.title('original image')
plt.subplot(222)
plt.imshow(img_blur, cmap='gray')
plt.title('blur image')
plt.subplot(223)
plt.imshow(img_gaussian)
plt.title('GaussBlur image')
plt.subplot(224)
plt.imshow(img_median)
plt.title('mediaBlur image')
plt.show()
```

執行結果,如圖 8-11 所示。

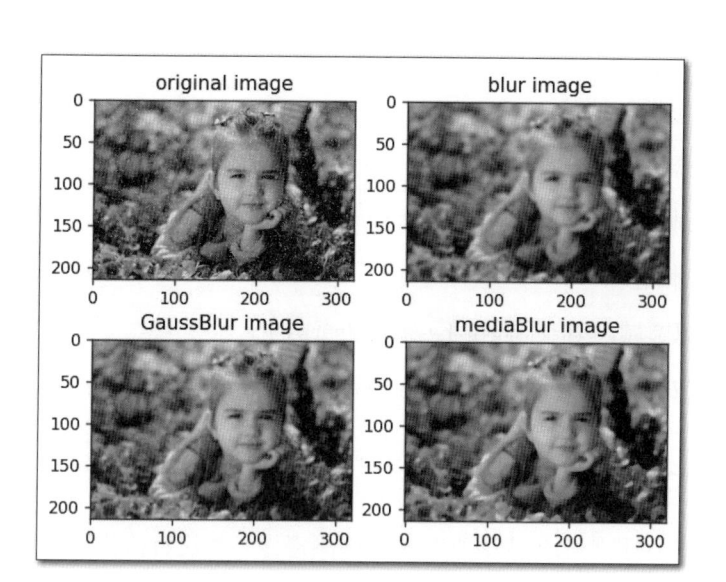

圖 8-11　影像模糊

8.14 影像邊緣偵測

　　邊緣檢測的過程包括檢測影像中的尖銳邊緣，並產生二進位影像作為輸出。邊緣偵測可視為是一種高通濾波。高通濾波允許高頻內容，阻止低頻內容，而邊緣就是一種高頻的內容。邊緣是影像中最重要的特徵之一，許多特徵提取演算法依賴邊緣訊息來描述影像的內容，可應用在場景理解和模式識別中。

🤖 Sobel 濾波

　　Sobel 是一種簡易的邊緣偵測濾波。由於邊緣會出現在水平及垂直的方向，所以 Sobel 有二個核心矩陣，一個用來檢測水平方向，一個用來檢測垂直方向。

　　OpenCV 的 Sobel() 函式可對灰階影像執行 Sobel 濾波，語法如下：

```
cv2.Sobel(img, depth, dx, dy, ksize, scale)
```

說明

- img：輸入影像。
- depth：影像深度。
- dx：檢測 x 軸邊緣。
- dy：檢測 y 軸邊緣。
- ksize：運算區域大小，預設為 1，須為正奇數。
- scale：縮放比例，預設為 1，須為正奇數。

Laplacian 濾波

Sobel 濾波只給我們水平或垂直方向上檢測邊緣，並沒有給我們所有邊緣的整體視圖，為了克服這個問題，我們可使用 Laplacian 濾波器。

OpenCV 的 Laplacian() 函式可對灰階影像執行 Laplacian 濾波，語法如下：

```
cv2.Laplacian(img, depth, ksize, scale)
```

說明

- img：輸入影像。
- depth：影像深度。
- ksize：運算區域大小，預設為 1，須為正奇數。
- scale：縮放比例，預設為 1，須為正奇數。

Canny 邊緣檢測

在有些情況下，使用 Laplacian 濾波會在輸出影像中出現很多的雜訊。為了克服這個問題，我們可使用 Canny 邊緣濾波器，這是一種多階段演算法，可檢測到物體邊緣，保留影像結構細節，並有效去除雜訊。

OpenCV 的 Canny() 函式可對灰階影像執行 Canny 邊緣濾波，語法如下：

```
cv2.Canny(img, threshold1, threshold2)
```

說明

❏ img：輸入影像。

❏ threshold1：低閾值，範圍為 0-255。

❏ threshold1：高閾值，範圍為 0-255。

　　Canny() 函式有二個參數來設定閾值，第二個參數稱為「低閾值」，第三個參數稱為「高閾值」。若影像像素的梯度值大於高閾值，Canny 邊緣濾波會開始追蹤邊緣，並進行些程序，直到梯度值小於低閾值為止。若我們增加這些閾值時，可將較弱的邊忽略，此時輸出影像將更乾淨、更加細膩。

範例 8-11

　　讀取影像後，轉為灰階，進行 Sobel 邊緣偵測、Laplacian 邊緣偵測、Canny 邊緣偵測，並比較這三種函式所產生的輸出影像。

```
import cv2
import sys

# 取得影像，轉為灰階
img=cv2.imread('images/fruit01.jpg', cv2.IMREAD_GRAYSCALE)
if img is None:
    print("Image not found")
    sys.exit(1)

# sobel 邊緣偵測
sobel_hor_img=cv2.Sobel(img, cv2.CV_64F, 1, 0, ksize=5)
sobel_ver_img=cv2.Sobel(img, cv2.CV_64F, 0, 1, ksize=5)

# laplacian 邊緣偵測
laplacian_img=cv2.Laplacian(img, cv2.CV_64F)

# canny 邊緣偵測
canny_img=cv2.Canny(img, 50, 240)
```

```
# 顯示影像
cv2.imshow('Original', img)
cv2.imshow('Sobel hor', sobel_hor_img)
cv2.imshow('Laplacian', laplacian_img)
cv2.imshow('Canny', canny_img)
cv2.waitKey(0)
cv2.destroyAllWindows()
```

範例的執行結果，如圖 8-12 所示。右上方是 Sobel 檢測，左下方是 Laplacian 檢測，而右下方是 Canny 檢測。我們注意到當影像的線條複雜時，Sobel 及 Laplacian 邊緣偵測皆會產生很多的雜訊，而 Canny 邊緣偵測則表現得較為理想。

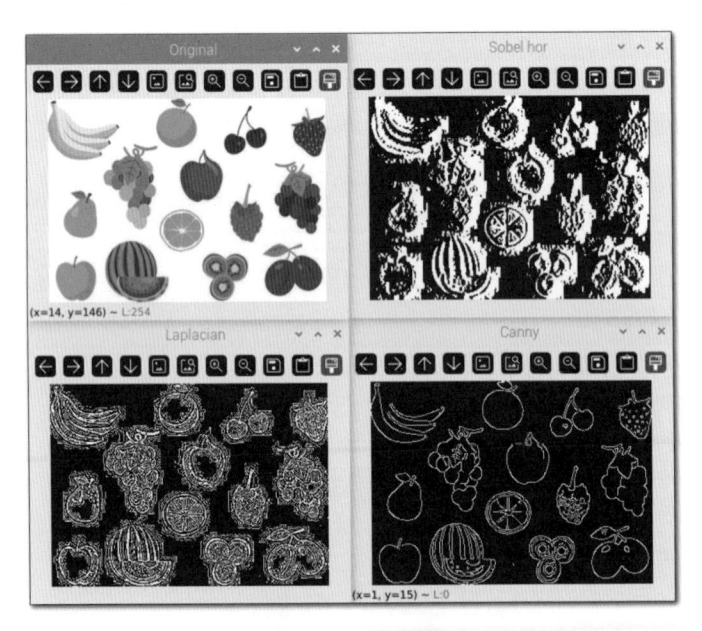

圖 8-12　邊緣偵測

8.15 二值化黑白影像

影像二值化是一種影像處理技術，它將影像中的像素轉換為兩種顏色，通常是黑色和白色。透過將影像二值化，可更容易將前景物體從背景中分離出來，這在物體檢測和圖像分割中非常有用。

另外，二值化影像也可方便地進行形態學操作，像是膨脹、侵蝕、開運算和閉運算，這些操作可進一步處理和分析影像。

threshold() 函式

OpenCV 的 threshold() 函式可將灰階影像以二值化方式轉換為黑白影像。此函式的語法如下：

```
ret, output = cv2.threshold(img, thresh, maxval, type)
```

說明

- ret：是否成功轉換，成功 True，失敗 False。
- output：二值化影像。
- img：輸入影像。
- thresh：閾值，通常設為 127。
- maxval：最大灰度，通常設為 255。
- type：轉換方式。常見轉換方式：① cv2.THRESH_BINARY：大於 thresh 的像素，設為 maxval，否則設為 0；② cv2.THRESH_BINARY_INV：大於 thresh 的像素，設為 0，否則設為 maxval；③ cv2.THRESH_OTSU：使用 OTSU 演算法進行處理。

Otsu 處理

在使用 threshold() 進行閾值處理時，一般我們會將 thresh 設為 127，但若影像灰階的分布是不均衡的，以 127 作為分割的標準是不恰當的，此時我們需要另尋一個 thresh 值，才能適當分割。

使用 Otsu 函式，會檢查所有可能的 thresh 設定值，進一步找到影像最佳的分割設定值。在 threshold() 函式中，我們可透過將 type 設定爲 cv2.THRESH_OTSU，實現 Otsu 函式的設定值分割，敘述如下：

```
ret, output = cv2.threshold(img, 0, 255, cv2.THRESH_OTSU)
```

我們將 thresh 設爲 0，讓 OTSU 自動尋找最佳的設定值，並將該設定值回傳。

範例 8-12

讀取影像後，轉爲灰階，進行二值化處理，輸出新影像。

```
import cv2
import sys
import matplotlib.pyplot as plt

# 讀取影像
img=cv2.imread('images/girl01.jpg')
if img is None:
    print("Image not found")
    sys.exit(1)

# 影像轉爲 RGB
img_rgb = cv2.cvtColor(img, cv2.COLOR_BGR2RGB)

# 轉爲灰階
img_gray = cv2.cvtColor(img, cv2.COLOR_BGR2GRAY)

# 影像二值化
ret, img_thresh = cv2.threshold(img_gray, 127, 255, cv2.THRESH_BINARY)

# 顯示影像
plt.subplot(121)
plt.imshow(img_rgb)
plt.title('original image')
```

```
plt.subplot(122)
plt.imshow(img_thresh, cmap='gray')
plt.title('binary image')
plt.show()
```

執行結果，如圖 8-13 所示。

圖 8-13　影像二值化

8.16 侵蝕和膨脹影像

侵蝕（Erosion）和膨脹（dilation）是影像形態學操作，透過這兩種處理方式，可實現去除雜訊或是連接破碎景物的功能。

erode() 函式

OpenCV 的 erode() 函式可用來進行侵蝕處理。通常進行侵蝕後的影像，黑色區域會擴張，白色區域會縮小。此函式的語法如下：

```
cv2.erode(src, kernel, iterations=1)
```

說明

❏ src：輸入影像。

- kernel：用於侵蝕操作的結構元素，通常是矩形、橢圓形或十字形。
- iterations：侵蝕操作的次數，預設值為 1。

😊 dilate() 函式

OpenCV 的 dilate() 函式可用來進行膨脹處理。通常經過膨脹後的影像，白色區域會擴張，黑色區域會縮小。此函式的語法如下：

```
cv2.dilate(src, kernel, iterations=1)
```

說明

- src：輸入影像。
- kernel：用於膨脹操作的結構元素，通常是矩形、橢圓形或十字形。
- iterations：膨脹操作的次數，預設值為 1。

😊 getStructuringElement() 函式

在進行影像的侵蝕或膨脹操作之前，須使用 OpenCV 的 getStructuringElement() 函式來取得結構元素的形狀。此函式的語法如下：

```
cv2.getStructuringElement(shape, ksize)
```

說明

- shape：結構元素形狀，有三種形狀可以選擇：① cv2.MORPH_RECT（矩形）；② cv2.MORPH_CROSS（十字形）；③ cv2.MORPH_ELLIPSE（橢圓形）。
- ksize：內核尺寸 (n, n)。

範例 8-13

讀取影像後，將影像轉為灰階，進行影像的反相及 Otsu 二值化。進行影像膨脹運算，再進行影像侵蝕運算，並比較輸出影像。

```python
import cv2
import sys
import matplotlib.pyplot as plt

# 讀取影像
img=cv2.imread('images/fruit01.jpg')
if img is None:
    print("Image not found")
    sys.exit(1)

# 影像轉為 RGB 及 GRAY
img_rgb = cv2.cvtColor(img, cv2.COLOR_BGR2RGB)
img_gray = cv2.cvtColor(img,cv2.COLOR_BGR2GRAY)

# GRAY 影像反相
img2=cv2.bitwise_not(img_gray)

# 影像二值化,背景為黑色,檢測物件為白色
ret, img_thresh=cv2.threshold(img2, 0, 255, cv2.THRESH_OTSU)

# 取得結構元素的形狀
kernel = cv2.getStructuringElement(cv2.MORPH_RECT, (7,7))

# 先膨脹,再侵蝕,消除黑色小點
img_dilation=cv2.dilate(img_thresh, kernel)
img_erosion=cv2.erode(img_dilation, kernel)

# 顯示影像
plt.subplot(221)
plt.imshow(img_rgb)
plt.title('original image')
plt.subplot(222)
plt.imshow(img_thresh, cmap='gray')
plt.title('binary image')
plt.subplot(223)
plt.imshow(img_dilation, cmap='gray')
```

```
plt.title('dilation image')
plt.subplot(224)
plt.imshow(img_erosion, cmap='gray')
plt.title('erosion image')
plt.show()
```

程式執行結果，如圖 8-14 所示。右上方是二值化影像，右下方是處理後的影像，可發現二值化影像中的小黑點已消失。

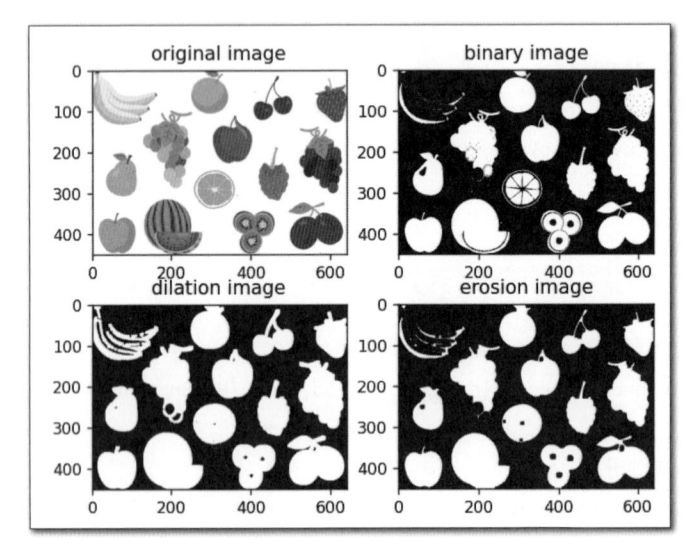

圖 8-14　侵蝕和膨脹

8.17 影像輪廓偵測

影像輪廓偵測的主要目的是識別影像中封閉的邊界，將這些邊界組合成輪廓，這些輪廓可描述物體的形狀和結構。此技術適合進行影像的形狀分析、物體識別和追蹤，也可進一步用於特徵提取和形狀匹配。

輪廓檢測流程

OpenCV 的影像輪廓檢測，包含下列步驟：

STEP/ **01** 讀取彩色影像。

STEP/ **02** 轉為灰階影像。

STEP/ **03** 轉為二值化影像。

STEP/ **04** 二值化影像反相，確保背景為黑色，檢測物件為白色。

STEP/ **05** 使用影像輪廓函式，檢測影像輪廓。

findContours() 函式

OpenCV 的 findContours() 函式可用於尋找影像的輪廓，並能依據參數回傳特定表示法的曲線。此函式的語法如下：

```
contours, hierarchy = cv2.findContours(img, mode, method)
```

說明

❑ **contours**：檢測到的輪廓串列。

❑ **hierarchy**：輪廓之間的關係。例如，輪廓是否包含在另一個輪廓中。

❑ **img**：輸入的二進位圖像。要檢測輪廓，此二進位圖像的背景必須為黑色。

❑ **mode**：輪廓檢索模式。常用選項如下：① cv2.RETR_EXTERNAL：只檢測外輪廓；② cv2.RETR_LIST：對檢測到的輪廓不建立等級關係；③ cv2.RETR_CCOMP：檢索所有輪廓，並將它們組織成層次結構。上面一層為外邊界，下面一層為內孔邊界；④ cv2.RETR_TREE：建立一個等級樹結構的輪廓。

❑ **method**：輪廓的近似函式。常用選項如下：① cv2.CHAIN_APPROX_NONE：儲存所有的輪廓點；② cv2.CHAIN_APPROX_SIMPLE：壓縮水平方向、垂直方向、對角線方向的元素，只保留必須繪製輪廓的點。

findContours() 函式的使用範例如下。在敘述中，我們在偵測影像輪廓時，想建立一個等級樹結構的輪廓，且儲存必須繪製輪廓的點。

```
contours, hierarchy = cv2.findContours(img_thresh, cv2.RETR_TREE,
    cv2.CHAIN_APPROX_SIMPLE)
```

drawContours() 函式

OpenCV 的 drawContours() 函式可將尋找到的輪廓繪製到影像上。此函式的語法如下：

```
marked_img = cv2.drawContours(
    img, contours, contourIdx, color, thickness,
    lineType = None, hierarchy = None,
    maxLevel = None, offset = None)
```

說明

❏ img：待繪製輪廓的影像。

❏ contours：需要繪製的輪廓。

❏ contourIdx：需要繪製的邊緣索引，若設為 -1，表示繪製所有輪廓。

❏ color：繪製的顏色，BGR 格式。

❏ thickness：畫筆粗細，若設為 -1，表示要繪製實心輪廓。

❏ lineType：線型。

❏ hierarchy：cv2.findContours() 輸出的層次資料。

❏ maxLevel：輪廓層次的深度。

❏ offset：偏移參數。

drawContours() 函式的使用範例如下。在敘述中，我們要將尋找到的所有輪廓繪製到 img_contours 影像上，顏色為白色，畫筆粗度為 3。

```
cv2.drawContours(img_contours, contours, -1, (255,255,255), 3)
```

範例 8-14

　　讀取影像後，轉為反相灰階，再進行二值化。尋找影像輪廓，將找到的輪廓畫在黑色畫布上，輸出為新影像。

```python
import cv2
import numpy as np
import matplotlib.pyplot as plt
import sys

# 讀取影像
img = cv2.imread('images/fruit01.jpg')
if img is None:
    print("Image not found")
    sys.exit(1)


# 影像轉為 RGB 及灰階
img_rgb = cv2.cvtColor(img, cv2.COLOR_BGR2RGB)
img_gray = cv2.cvtColor(img,cv2.COLOR_BGR2GRAY)

# 二值化影像
img2=cv2.bitwise_not(img_gray)   # 影像反相
thresh = 60
ret,img_thresh = cv2.threshold(img2, thresh, 255, cv2.THRESH_BINARY)

# 找輪廓
contours, hierarchy = cv2.findContours(img_thresh, cv2.RETR_TREE, cv2.CHAIN_APPROX_SIMPLE)

# 建立黑色畫布
img_contours = np.zeros(img.shape)

# 在黑色畫布畫輪廓
cv2.drawContours(img_contours, contours, -1, (255,255,255), 3)
```

```
# 顯示影像
plt.subplot(221)
plt.imshow(img_rgb)
plt.title('original image')
plt.subplot(222)
plt.imshow(img_thresh, cmap='gray')
plt.title('binary image')
plt.subplot(223)
plt.imshow(img_contours)
plt.title('contour image')
plt.show()
```

執行結果，如圖 8-15 所示。右上角的影像為二值化影像，而左下角的輪廓影像。

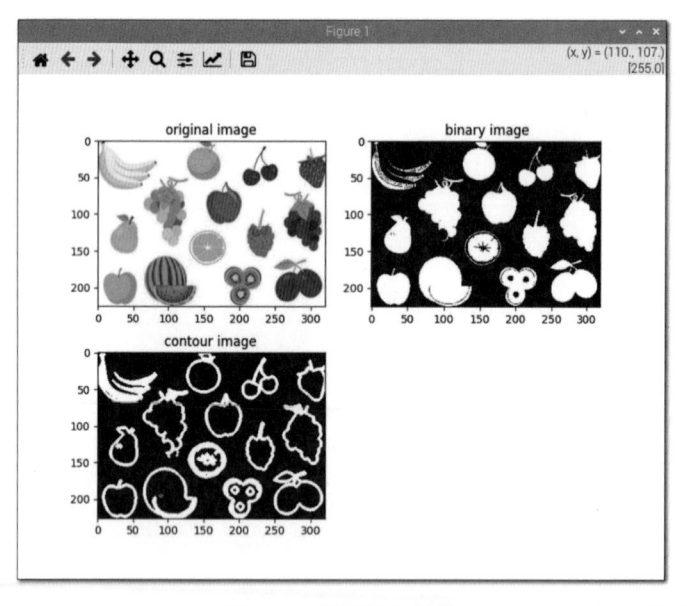

圖 8-15　影像輪廓偵測

09

OpenCV
串流視訊應用

9.1 擷取 Webcam 串流視訊
9.2 Webcam 錄影
9.3 Webcam 視訊處理
9.4 Webcam 影像相減運動偵測
9.5 Webcam 背景相減運動偵測
9.6 取得感興趣區域
9.7 使用滑鼠選取 ROI
9.8 Webcam ROI 物件運動偵測

9.1 擷取 Webcam 串流視訊

OpenCV 除了可以讀取、顯示靜態影像外，也可以載入及播放視訊影片，還可以讀取 Webcam 串流視訊。

😊 VideoCapture() 函式

在 OpenCV 中，我們可使用 VideoCapture() 函式來啟動 Webcam。此函式的語法如下：

```
cap = cv2.VideoCapture(n)
```

說明

❏ cap：Webcam 變數名稱，可以任意取名。
❏ n：整數，第一台 Webcam 為 0，若還有其他 Webcam 則依序為 1、2…等。

😊 isOpened() 函式

啟動 Webcam 後，可使用 isOpened() 函式來檢測 Webcam 是否處於開啟狀態。此函式的語法如下：

```
ret = cap.isOpened()
```

說明

❏ ret：回傳值。若 Webcam 處於開啟狀態會回傳 True，若關閉則會回傳 False。

使用 isOpened() 函式，我們可以在 Webcam 開啟失敗時，以 sys.exit() 終止程式的執行。程式碼如下：

```
import cv2
import sys
```

```
# 開啟 Webcam
cap = cv2.VideoCapture(0)
if not cap.isOpened():
    print("Cannot open webcam")
    sys.exit(1)
```

🤖 cap.read() 函式

Webcam 開啟成功後,可使用 cap.read() 函式讀取 Webcam 影像,語法如下:

```
ret, img = cap.read()
```

說明

❑ ret:True 表示讀取影像成功,False 表示讀取影像失敗。
❑ img:影像變數。若讀取影像成功,會將影像存於此變數中。

我們可使用 while 迴圈,持續讀取 Webcam 影像並進行解析處理。若 ret 回傳 False,可使用 contiune 繼續讀取下一個影像,或是以 break 離開 while 迴圈。

```
while True:
    # 取得影像
    ret, frame = cap.read()
    if not ret:
        print("read error")
        break
    ...
```

🤖 cap.release() 函式

若要關閉 Webcam 並釋放資源,可使用 cap.release() 函式。

```
cap.release()
```

範例 9-1

以 OpenCV 連接 Webcam，取得影像並顯示 Webcam 影像畫面。按 Q 鍵，可以結束程式的執行。

```python
import cv2
import sys

# 開啟 Webcam
cap = cv2.VideoCapture(0)
if not cap.isOpened():
    print("Cannot open webcam")
    sys.exit(1)

while True:
    # 取得影像
    ret, frame = cap.read()
    if not ret:
        print("read error")
        break

    # 顯示影像
    cv2.imshow('Image', frame)

    # 按 q 鍵離開
    if cv2.waitKey(1) & 0xFF == ord('q'):
        break

# 釋放 cap 及關閉所有顯示視窗
cap.release()
cv2.destroyAllWindows()
```

執行結果，如圖 9-1 所示。

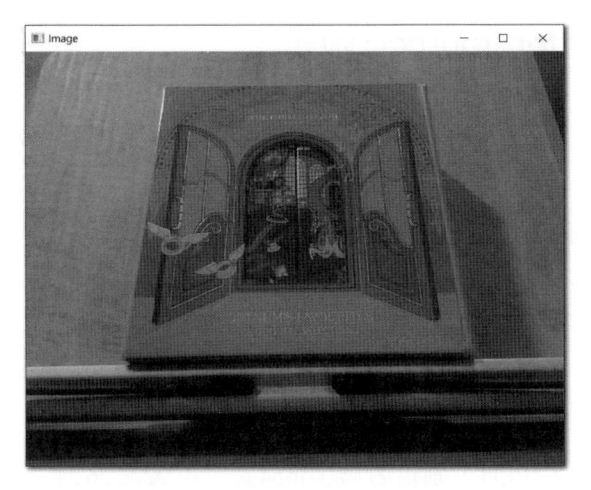

圖 9-1　OpenCV 連接 Webcam

9.2　Webcam 錄影

😊 VideoWriter 類別

　　使用 OpenCV 的 VideoWriter 類別，會回傳一個 VideoWriter 物件。此物件可將擷取到的 Webcam 影像組成新的串流格式，並指定欲寫入的視訊檔。建立 VideoWriter 物件的語法如下：

```
out = cv2.VideoWriter(filename, fourcc, fps, frameSize)
```

說明

❏ out：回傳的 VideoWriter 物件。

❏ filename：視訊檔路徑及名稱。

❏ fourcc：編碼格式，使用四字元編碼表示。

❏ fps：每秒影格播放數（frames per second），表示視訊的影格速率。

❏ frameSize：每一視訊影格的長及寬。

🤖 VideoWriter_fourcc() 函式

在使用 VideoWriter() 函式時，我們需要指定視訊的編碼格式。使用 OpenCV 的 VideoWriter_fourcc() 函式，可設定視訊的編碼格式，語法如下：

```
fourcc = cv2.VideoWriter_fourcc(c1, c2, c3, c4)
```

說明

❑ c1, c2, c3, c4：視訊編碼格式，使用四字元編碼。

❑ 常用編碼如下：① 'M','P','4','V'：MPEG-4 編碼，副檔名為「.mp4」；② 'M','J','P','G'：Motion JPEG，副檔名為「.mp4」；③ 'X','2','6','4'：H.264 編碼，副檔名為「.mp4」；④ 'X','V','I','D'：MPEG-4 編碼，副檔名為「.avi」。

例如，若要將擷取到的 Webcam 影像組成「.avi」的串流格式，並寫入至 output.avi 視訊檔中，程式碼如下：

```
# 指定編碼格式
fourcc = cv2.VideoWriter_fourcc('X','V','I','D')

# 建立 VideoWriter 物件，指定欲寫入的視訊檔
out = cv2.VideoWriter('output.avi', fourcc, 20.0, (640,480))
```

我們也可以將 VideoWriter_fourcc('X','V','I','D') 寫成 VideoWriter_fourcc(*'XVID')。

🤖 out.write() 函式

使用 VideoWriter 物件的 write() 函式，可寫入一個視訊影格（frame）至指定的視訊檔。

```
out.write(frame)
```

🤖 out.release() 函式

不要 VideoWriter 物件時，需要將其釋放，語法如下：

```
out.release()
```

範例 9-2

擷取 Webcam 影像，以 MPEG-4 編碼格式，將擷取到的影像組成「.avi」串流格式，並寫入至 output.avi 視訊檔中。

```python
import cv2
import sys

# 開啟 Webcam
cap=cv2.VideoCapture(0)
if not cap.isOpened():
    print("Cannot open webcam")
    sys.exit(1)

# 指定編碼格式
fourcc = cv2.VideoWriter_fourcc('X','V','I','D')

# 建立 VideoWriter 物件，指定欲寫入的視訊檔
out = cv2.VideoWriter('output.avi', fourcc, 20.0, (640,480))

while cap.isOpened():
    ret, frame = cap.read()
    if ret:
        # 將 frame 寫入視訊檔
        out.write(frame)
        cv2.imshow('frame', frame)
        if cv2.waitKey(1) & 0xFF == ord('q'):
            break
    else:
        print("read error.")
        break

cap.release()
```

```
out.release()
cv2.destroyAllWindows()
```

9.3 Webcam 視訊處理

高斯模糊處理

成功讀取 Webcam 的影像後，我們可使用 OpenCV 進行影像處理。例如，若要將讀取的影像轉為灰階影像，取出灰階影像的中心區域，並進行高斯模糊處理，程式碼如下：

```
while True:
    ret,frame=cap.read()
    if ret:
        # frame 轉為灰階
        gray = cv2.cvtColor(frame, cv2.COLOR_BGR2GRAY)
        h=gray.shape[0]  # frame 高
        w=gray.shape[1]  # frame 寬

        # 取出灰階影像的中心區域，並進行高斯模糊處理
        gaussianblur = cv2.GaussianBlur(gray[h//4:3*h//4,w//4:3*w//4], (5, 5), 0)
        cv2.imshow('frame', frame)
        cv2.imshow('blur',gaussianblur)
```

說明

❏ GaussianBlur(gray[h//4:3*h//4,w//4:3*w//4], (5, 5), 0)：表示對 gray 灰階影像的中心區域進行高斯模糊處理。選取影像範圍是從影像高度的 1/4 到 3/4，以及從影像寬度的 1/4 到 3/4。模糊核心的大小為 (5, 5)，標準差為 0。

範例 9-3

開啟 Webcam,取得影像後,將其轉為灰階影像。取出灰階影像的中心區域,進行高斯模糊處理。

```python
import cv2
import sys

# 開啟 Webcam
cap=cv2.VideoCapture(0)
if not cap.isOpened():
    print("Cannot open webcam")
    sys.exit(1)

while cap.isOpened():
    ret,frame=cap.read()
    if ret:
        # frame 轉為灰階
        gray = cv2.cvtColor(frame, cv2.COLOR_BGR2GRAY)
        h=gray.shape[0]   # frame 高
        w=gray.shape[1]   # frame 寬

        # 取出灰階影像的中心區域,並進行高斯模糊處理
        gaussianblur = cv2.GaussianBlur(gray[h//4:3*h//4,w//4:3*w//4], (5, 5), 0)
        cv2.imshow('blur',gaussianblur)
        key = cv2.waitKey(1)
        if key == ord("q"):
            break

cap.release()
cv2.destroyAllWindows()
```

執行結果,如圖 9-2 所示。

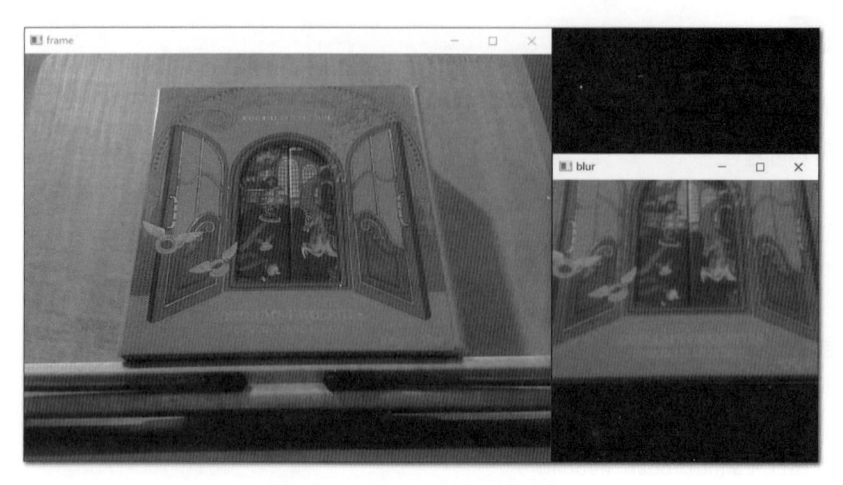

圖 9-2　影像中心高斯模糊處理

😊 調整影像大小及偵測邊緣

讀取 Webcam 影像後，也可使用 resize() 函式調整影像大小，並使用 Canny() 函式執行邊緣運算。程式碼如下：

```
while True:
    # 取得影像
    ret, frame = cap.read()
    if not ret:
        break

    # 調整影像大小
    frame = cv2.resize(frame, None, fx=0.5, fy=0.5, interpolation=cv2.INTER_AREA)

    # 轉為灰階
    gray = cv2.cvtColor(frame, cv2.COLOR_BGR2GRAY)

    # Canny 邊緣運算
    edge = cv2.Canny(gray, 50, 150)
```

範例 9-4

讀取 Webcam 影像後，調整影像大小；轉成灰階後，執行邊緣運算。

```python
import cv2
import sys

# 開啟 Webcam
cap = cv2.VideoCapture(0)
if not cap.isOpened():
    print("Cannot open webcam")
    sys.exit(1)

while cap.isOpened():
    # 取得影像
    ret, frame = cap.read()
    if not ret:
        break

    # 調整影像大小
    frame = cv2.resize(frame, None, fx=0.5, fy=0.5, interpolation=cv2.INTER_AREA)

    # 轉為灰階
    gray = cv2.cvtColor(frame, cv2.COLOR_BGR2GRAY)

    # Canny 邊緣運算
    edge = cv2.Canny(gray, 50, 150)

    # 顯示影像
    cv2.imshow('Frame', edge)

    # 按 q 鍵離開
    if cv2.waitKey(1) & 0xFF == ord('q'):
        break

cap.release()
cv2.destroyAllWindows()
```

執行結果，如圖 9-3 所示。

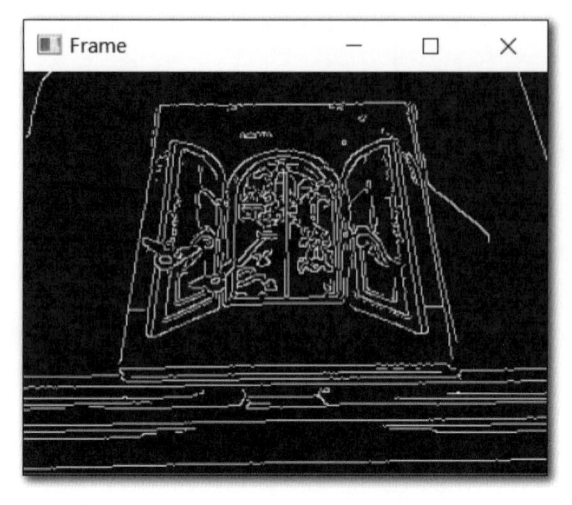

圖 9-3　調整影像大小及邊緣處理

9.4　Webcam 影像相減運動偵測

🤖 absdiff() 函式

使用 OpenCV 的 absdiff() 函式，可以將二張影像相減後取絕對值。此函式可用來偵測影像中是否有物體移動，語法如下：

```
cv2.absdiff(src1, src2)
```

說明

❏ src1：輸入影像 1。

❏ src2：輸入影像 2。

在實際使用 absdiff() 函式時，我們會持續將讀取到的目前影像與前一張影像進行 absdiff() 運算。程式範例如下：

```
while True:
    ret, frame2 = cap.read()
    if not ret:
        break

    # fram1 與 frame2 影像相減
    diff=cv2.absdiff(frame1, frame2)

    # 更新 frame1
    frame1=frame2
```

範例 9-5

讀取 Webcam 串流影像，使用 absdiff() 函式來偵測影像中是否有物體移動。

```
import cv2
import sys

# 開啟 Webcam
cap = cv2.VideoCapture(0)
if not cap.isOpened():
    print("Cannot open webcam")
    sys.exit(1)

# 取得 frame1
ret, frame1 = cap.read()

while True:
    # 取得 frame2
    ret, frame2 = cap.read()
    if not ret:
        break

    # fram1 與 frame2 影像相減
    diff=cv2.absdiff(frame1, frame2)
```

```
# 更新 frame1
frame1=frame2

# 顯示影像
cv2.imshow('diff', diff)

# 按 q 鍵離開
if cv2.waitKey(1) & 0xFF == ord('q'):
    break

cap.release()
cv2.destroyAllWindows()
```

執行結果,如圖 9-4 所示。當影像中有物體移動時,可以看到影像相減後的物體痕跡。

圖 9-4　影像相減運動偵測

9.5 Webcam 背景相減運動偵測

雖然 absdiff() 函式能夠有效去除背景，偵測影像中是否有移動物體，但卻有很多的限制讓它不是那麼好用：

- 此方法容易受環境變動（如光線、周遭物件、物體與背景顏色）的干擾。
- 若移動中的物體與背景顏色相同，則無法偵測。
- 若物體靜止或移動得很緩慢，則無法偵測。

背景相減

「背景相減」也稱為「前景偵測」，是一種更先進的技術，它保留了背景模型，並從目前影格中減去它，以識別前景移動物件。OpenCV 提供了幾種背景相減函式，包括 MOG2 和 KNN。在本小節中，我們將採用 MOG2 函式。

createBackgroundSubtractorMOG2() 函式

OpenCV 的 createBackgroundSubtractorMOG2() 函式是 OpenCV 中一個用於前景和背景分割的函式，它應用混合高斯模型來檢測運動區域。此方法在視訊監控、物體追蹤等應用中非常有用。函式的語法如下：

```
cv2.createBackgroundSubtractorMOG2(
    int history=500,
    double varThreshold=16,
    bool detectShadows=true)
```

說明

- history：歷史長度。
- varThreshold：像素與樣本之間的平方距離的閾值，用於確定像素是否接近該樣本。
- detectShadows：如果為真，演算法將檢測陰影並標記它們。它會稍微降低速度，因此如果不需要此功能，則將該參數設為 false。

使用背景減法函式偵測物體運動

若要使用背景減法函式來偵測影像中的物體運動,我們先建立背景減法器物件。

```
bg_subtractor = cv2.createBackgroundSubtractorMOG2()
```

讀取 Webcam 影像,使用 apply() 方法對每一影格應用背景減法器,回傳去除背景後的結果,前景區域為白色,背景區域為黑色。

```
fg_mask = bg_subtractor.apply(frame)
```

範例 9-6

使用背景減法器來偵測影像中是否有物體移動。

```python
import cv2
import sys

# 開啟 Webcam
cap = cv2.VideoCapture(0)
if not cap.isOpened():
    print("Cannot open webcam")
    sys.exit(1)

# 建立 BackgroundSubtractorMOG2 物件
bg_subtractor=cv2.createBackgroundSubtractorMOG2(
history=100, varThreshold=50, detectShadows=True)

while cap.isOpened():
    # 取得 frame
    ret, frame = cap.read()
    if not ret:
        break

    # 取得去除背景結果
```

```
    fg_mask=bg_subtractor.apply(frame)

    # 顯示影像
    cv2.imshow('Mask', fg_mask)

    # 按 q 鍵離開
    if cv2.waitKey(1) & 0xFF == ord('q'):
        break

cap.release()
cv2.destroyAllWindows()
```

執行結果,如圖 9-5 所示。當影像中有物體移動時,可以看到影像背景相減後的物體痕跡。

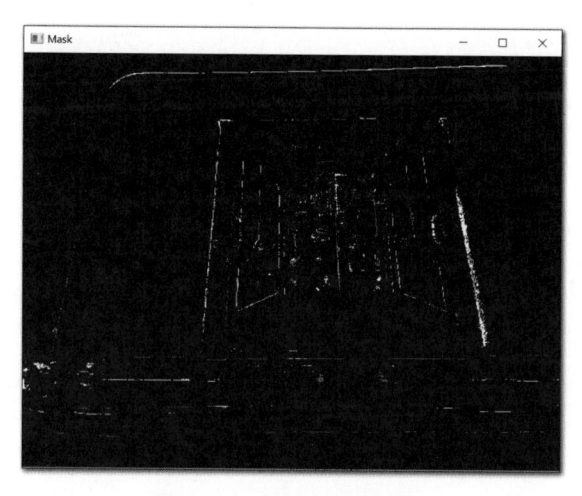

圖 9-5　背景相減運動偵測

9.6 取得感興趣區域

ROI

我們可以從影像或視訊中，取出一塊感興趣的特定區域進行分析處理，此特定區域稱為「ROI」（Region of Interest）。ROI 可以是任意形狀，但為了方便運算，一般我們會取矩形的 ROI。

若我們將影像的像素視為 2D 陣列，則矩形 ROI 可以定義為二個座標：①矩形的左上角座標、②右下角的座標。在 Python 及 OpenCV 中，我們可使用影像陣列切片來定義 ROI。程式碼如下：

```
import cv2
img = cv2.imread('image.jpg')
img_roi=img[30:150, 120:270]   # y1:y2, x1:x2
```

說明

❑ img[30:150, 120:270]：表示取出影像高度 (y1: y2) = (30: 150)，以及影像寬度 (x1: x2) = (120:270) 的影像區域。此時，(x1, y1) = (120, 30) 為 ROI 的左上角座標，而 (x2, y2) = (270, 150) 為 ROI 的右下角座標。

有了 ROI 的左上角及右下角的座標，若我們要畫出矩形 ROI，可使用 OpenCV 的 rectangle() 函式。程式碼如下：

```
# 複製原始影像
img_with_roi = img.copy()

# 畫矩形 roi
cv2.rectangle(img_with_roi, (120, 30), (270, 150), (0, 0, 255), 2)
```

範例 9-7

讀取影像後，轉為 RGB。定義 ROI，並畫出藍色矩形外框的 ROI。以 Matplotlib 顯示原始影像及 ROI 影像。

```
import cv2
import matplotlib.pyplot as plt
import sys

# 讀取影像
image_file='images/girl01.jpg'
img=cv2.imread(image_file)
if img is None:
    print("Image not found")
    sys.exit(1)

# img 轉 RGB
img = cv2.cvtColor(img, cv2.COLOR_BGR2RGB)

# 定義 roi
img_roi=img[30:150, 120:270] # y1:y2, x1:x2

# 複製原始影像
img_with_roi = img.copy()

# 畫矩形 roi
cv2.rectangle(img_with_roi, (120, 30), (270, 150), (0, 0, 255), 2)

# 顯示影像
plt.subplot(121)
plt.imshow(img_with_roi)
plt.title('image with roi')
plt.subplot(122)
plt.imshow(img_roi)
plt.title('roi')
plt.show()
```

執行結果，如圖 9-6 所示。

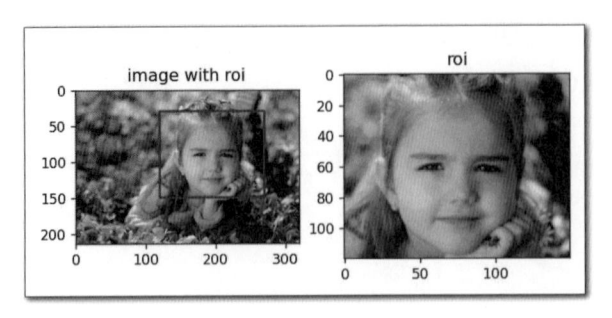

圖 9-6　原始影像與 ROI 影像

9.7 使用滑鼠選取 ROI

若要使用影像陣列切片來定義 ROI，我們需要知道 ROI 的座標。若能讓使用者以滑鼠自行定義 ROI 區域，並自動取得 ROI 的座標，對影像處理將有很大的助益。要讓使用者可使用滑鼠選取 ROI，可使用 OpenCV 的滑鼠事件處理功能。

setMouseCallback() 函式

使用 OpenCV 的 setMouseCallback() 函式，可以偵測指定視窗下的滑鼠事件，並透過一個事件處理函式來處理相關的事件。函式的語法如下：

```
cv2.setMouseCallback(winname, onMouse, param=0)
```

說明

- winname：指定視窗名稱。
- onMouse：事件處理函式。
- param：傳至 onMouse 的自訂參數。

例如，在下列程式碼中，我們設定 OpenCV 顯示視窗的名稱為「Webcam」，並設定此視窗的滑鼠事件處理函式為「draw_rectangle()」。

```
# 指定視窗名稱
main_window="Webcam"
cv2.namedWindow(main_window)

# 偵測指定視窗下的滑鼠事件
cv2.setMouseCallback(main_window, draw_rectangle)
```

事件處理函式

每次發生滑鼠事件時,會在事件處理函式中傳入五個參數。

```
def draw_rectangle (event, x, y, flags, param):
    // 事件處理程式
```

説明

- event:表示觸發了何種事件。常用事件如下:① cv2.EVENT_LBUTTONDOWN:按下滑鼠左鍵;② cv2.EVENT_LBUTTONUP:釋放滑鼠左鍵;③ cv2.EVENT_MOUSEMOVE:滑鼠移動。
- x, y:觸發滑鼠事件時,滑鼠在視窗中的座標。
- flags:表示滑鼠的拖拉事件以及鍵盤滑鼠的聯合事件。
- param:傳至 draw_rectangle() 的自訂參數。

例如,若我們要撰寫以 draw_rectangle 的事件處理函式,讓使用者以滑鼠自行定義 ROI 區域,並自動取得 ROI 的座標。程式碼如下:

```
roi_start=(0,0)      # ROI 左上角
roi_end=(0,0)        # ROI 右下角
dragging=False       # 滑鼠是否拖拉

# 滑鼠事件處理函式
def draw_rectangle(event,x,y,flags,param):
    global roi_start, roi_end, dragging
    if event==cv2.EVENT_LBUTTONDOWN:    # 滑鼠左鍵
        dragging=True
```

```
            roi_start=(x,y)       # 設定 ROI 左上角
    elif event==cv2.EVENT_MOUSEMOVE:    # 移動滑鼠
        if dragging:
            roi_end=(x,y)    # 記錄 ROI 右下角
    elif event==cv2.EVENT_LBUTTONUP:    # 釋放滑鼠左鍵
        dragging=False
        roi_end=(x,y)         # 設定 ROI 右下角
```

我們使用 roi_start 及 roi_end 變數來取出 ROI 的左上角及右下角,並以滑鼠拖拉方式,即時取得 ROI 的左上角及右下角的座標。

顯示 ROI

在顯示 ROI 時,我們可以先檢查 ROI 右下角座標是否大於 ROI 左上角座標,以確保使用者在拖拉滑鼠時,是由左上角至右下角方式來選取 ROI。程式碼如下:

```
    if roi_end[1] > roi_start[1] and roi_end[0] > roi_start[0]:
        roi = frame[roi_start[1]:roi_end[1], roi_start[0]:roi_end[0]]
        cv2.imshow("ROI",roi)
```

請記得在取得影像的 ROI 區域時,格式為 frame[y1:y2, x1:x2]。

範例 9-8

讀取 Webcam 影像,以滑鼠選取 ROI,在原始影像以紅色框畫出 ROI,並顯示原始影像及 ROI 影像。

```
import cv2
import sys

# 定義變數
roi_start=(0,0)
roi_end=(0,0)
dragging=False
```

```python
# 滑鼠事件處理函式
def draw_rectangle(event,x,y,flags,param):
    global roi_start, roi_end, dragging
    if event==cv2.EVENT_LBUTTONDOWN:
        dragging=True
        roi_start=(x,y)
    elif event==cv2.EVENT_MOUSEMOVE:
        if dragging:
            roi_end=(x,y)
    elif event==cv2.EVENT_LBUTTONUP:
        dragging=False
        roi_end=(x,y)

# 開啟 Webcam
cap=cv2.VideoCapture(0)
if not cap.isOpened():
    print("Cannot open webcam")
    sys.exit(1)

# 指定視窗名稱
main_window="Webcam"
cv2.namedWindow(main_window)

# 偵測指定視窗下的滑鼠事件
cv2.setMouseCallback(main_window, draw_rectangle)
while True:
    # 取得影像
    ret, frame = cap.read()
    if not ret:
        break

    # 在影像中畫矩形 roi
    cv2.rectangle(frame, roi_start, roi_end, (0,0,255),2)

    # 顯示 roi
    if roi_end[1] > roi_start[1] and roi_end[0] > roi_start[0]:
```

```
        roi = frame[roi_start[1]:roi_end[1], roi_start[0]:roi_end[0]]
        cv2.imshow("ROI",roi)

    # 顯示影像
    cv2.imshow(main_window, frame)

    # 按 q 鍵離開
    if cv2.waitKey(1) & 0xFF == ord('q'):
        break

cap.release()
cv2.destroyAllWindows()
```

執行結果，如圖 9-7 所示。當以滑鼠選取 ROI 時，會在原始影像以紅色框畫出 ROI，並即時顯示 ROI 影像。

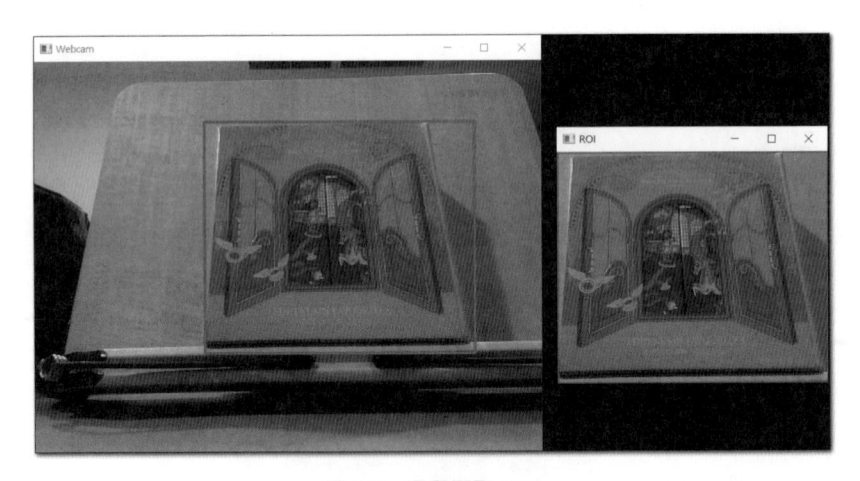

圖 9-7　滑鼠選取 ROI

9.8 Webcam ROI 物件運動偵測

selectROI() 函式

我們除了可自行撰寫滑鼠事件處理函式來取得 ROI 外，也可使用 OpenCV 的 selectROI() 函式，在指定視窗中設定影像的 ROI 區域。selectROI() 函式會顯示一個選擇框，讓使用者可以透過滑鼠來選擇想要的區域，當選擇完成後，可以按 Space 鍵或 Enter 鍵，它會回傳一個邊界框（Bounding Box），包含選擇區域的座標。函式的語法如下：

```
roi = cv2.selectROI(winname, frame, showCrosshair=True, fromCenter=False)
```

說明

❏ winname：指定視窗名稱。

❏ frame：要選擇 ROI 的影像。

❏ showCrosshair：是否要在選擇框中顯示十字線，預設為 True。

❏ fromCenter：是否從中心點開始選擇，預設為 False。

❏ roi：回傳值，格式為元組 (x, y, w, h)，分別表示選擇區域的左上角座標 (x, y)，寬度 w 及高度 h。

使用 selectROI() 函式取得 ROI 後，若要取得 ROI 的左上角及右下角，程式碼如下：

```
# 選擇 roi
roi=cv2.selectROI('Frame',frame)

# 在 gray_img 取出 roi
x1=int(roi[0])
x2=x1+int(roi[2])
y1=int(roi[1])
y2=y1+int(roi[3])
roi1 = gray_img[y1:y2, x1:x2]
```

🤖 ROI 物件運動偵測

在實際應用中,若要使用背景減法函式來偵測影像中是否有物件運動,可以先設定 ROI,在 ROI 中進行影像背景相減運算,並計算 ROI 去除背景影像的像素平均值,此時即可依平均值的大小來判斷 ROI 中是否有物件在運動。

STEP/ **01** 要執行 ROI 物件運動偵測,我們先建立 BackgroundSubtractorMOG2 物件。

```
bg_sub=cv2.createBackgroundSubtractorMOG2(
    history=100, varThreshold=50, detectShadows=True)
```

STEP/ **02** 定義平均值串列變數。

```
mean_list=[]
```

STEP/ **03** 應用背景減法器,取得 roi 去除背景結果。

```
fg_mask=bg_sub.apply(roi)
```

STEP/ **04** 計算 fg_mask 平均值,將其加入 mean_list 串列中。

```
mean_value = np.mean(fg_mask)
mean_list.append(mean_value)
```

STEP/ **05** 判斷 ROI 中的 fg_mask 平均值是否大於臨界值,偵測是否有物件在 ROI 區域中運動。

```
if mean_value > 5:
    print(f"mean_value: {mean_value}, 有物件運動 ")
```

🤖 在 Matplotlib 中顯示動態圖形

若我們持續讀取 Webcam 影像,計算 ROI 中每一影格影像去除背景影像的像素平均值,並將其存放至 mean_list 串列中。此時,mean_list 串列中將會有許多新增的像素平均值。在 Matplotlib 中，我們可以將 mean_list 串列中的元素值以動態圖形方式顯示出來。

若我們想以動態方式顯示 Matplotlib 圖形，可使用 plt.ion() 來將 Matplotlib 轉為互動模式，以實現動態更新。當互動模式啟用後，圖形會立即更新和顯示，而不必等待 plt.show()。在動態顯示期間，可以反覆更新圖形並顯示多次。若想停止任何進一步的即時更新時，可使用 plt.ioff() 關閉互動模式。在執行 plt.show() 後，plt.show() 會等待所有圖形視窗被關閉，這樣圖形視窗就可以保持開啟狀態，供我們觀察和分析圖形。

STEP/ 01 要使用 Matplotlib 動態顯示 mean_list 串列中的元素值，我們先建立圖形及軸。

```
import matplotlib.pyplot as plt

# 回傳 figure 及 ax 物件
fig, ax = plt.subplots()
```

STEP/ 02 開啟 Matplotlib 互動模式。

```
plt.ion()
```

STEP/ 03 動態更新圖形。

```
ax.clear()
ax.plot(mean_list)

# 暫停 0.01 秒
plt.pause(0.01)
```

STEP/ 04 若想停止更新圖形，可以關閉互動模式，保持圖形視窗開啟狀態，供我們觀察和分析圖形。

```
plt.ioff()
plt.show()
```

範例 9-9

讀取 Webcam 影像，以 selectROI() 選取 ROI 影像。以背景減法器針對 ROI 影像進行運算，計算去除背景結果後的像素平均值，判斷是否 ROI 中有物件在運動，並將計算後的平均值存放至 mean_list 串列中，最後我們以 Matplotlib 的折線圖來動態顯示 mean_list 中的值。

```python
import cv2
import numpy as np
import matplotlib.pyplot as plt
import sys
import time

# 開啟 Webcam
cap=cv2.VideoCapture(0)
if not cap.isOpened():
    print("Failed to open camera.")
    sys.exit(1)

# 建立 BackgroundSubtractorMOG2 物件
bg_sub=cv2.createBackgroundSubtractorMOG2(
history=100, varThreshold=50, detectShadows=True)

# 定義平均值串列變數
mean_list=[]

# 取得 figure 及 ax 物件
fig, ax = plt.subplots()

# 開啟互動模式
plt.ion()

# 取得 frame，轉為灰階
ret, frame = cap.read()
gray_img = cv2.cvtColor(frame, cv2.COLOR_BGR2GRAY)
```

```python
# 選擇 roi
roi=cv2.selectROI('Frame',frame)

# 在 gray_img 取出 roi
x1=int(roi[0])
x2=x1+int(roi[2])
y1=int(roi[1])
y2=y1+int(roi[3])
roi1 = gray_img[y1:y2, x1:x2]

# 取得去除背景結果
fg_mask=bg_sub.apply(roi1)

# 計算 mask 平均值，將其加入 mean_list 串列中
mean_value = np.mean(fg_mask)
mean_list.append(mean_value)
cv2.destroyAllWindows()

# 圖形最多顯示 200 點資料
num = 200
while True:
    # 取得 frame
    ret, frame = cap.read()
    if not ret:
        break

    # frame 轉為灰階
    gray_img = cv2.cvtColor(frame, cv2.COLOR_BGR2GRAY)

    # 在 gray_img，取出 roi
    roi2 = gray_img[y1:y2, x1:x2]

    # 在 frame 繪矩形 ROI
    cv2.rectangle(frame, (x1, y1), (x2, y2), (0, 0, 255), 2)

    # 取得 roi 去除背景結果
```

```python
    fg_mask=bg_sub.apply(roi2)

    # 計算 mask 平均值，將其加入 mean_list 串列中
    mean_value = np.mean(fg_mask)
    mean_list.append(mean_value)

    # 判斷是否有物件運動
    if mean_value > 5:
        print(f"mean_value: {mean_value}, 有物件運動 ")

    # 更新圖形
    ax.clear()
    ax.plot(mean_list)

    # 若資料超過 200 點，更新 x 軸顯示範圍
    disp_num=len(mean_list)
    if disp_num > num:
        ax.set_xlim(disp_num-num, disp_num)
    plt.pause(0.01)

    # 顯示影像
    cv2.imshow('Frame', frame)

    # 按 q 鍵離開
    if cv2.waitKey(1) & 0xFF == ord('q'):
        break

cap.release()
cv2.destroyAllWindows()

# 關閉互動模式
plt.ioff()

# 保持視窗開啟
plt.show()
```

執行後，當以滑鼠選取 ROI 時，畫面如圖 9-8 所示。

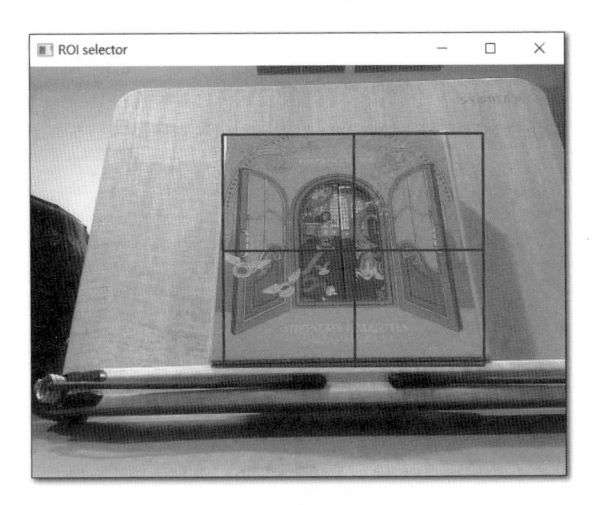

圖 9-8　滑鼠選取 ROI

按 Space 鍵後，會出現圖 9-9 的畫面。若 ROI 區域有物件運動，可看到 Matplotlib 動態圖形的折線圖會有變化，且終端機會顯示有物件在運動。

```
mean_value: 21.599655093707995, 有物件運動
mean_value: 20.53531485379524, 有物件運動
mean_value: 17.396375947858285, 有物件運動
....
```

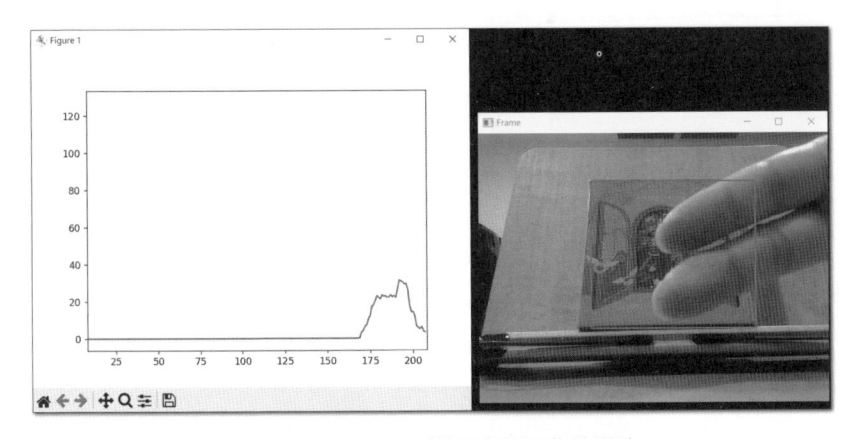

圖 9-9　Matplotlib 動態圖形顯示物件運動

M·E·M·O

10

MediaPipe 影像辨識

10.1 MediaPipe 簡介
10.2 安裝 MediaPipe 套件
10.3 MediaPipe AI 視覺功能
10.4 MediaPipe 使用入門
10.5 影像物件偵測
10.6 影像分割
10.7 影像人臉偵測
10.8 影像人臉標記偵測
10.9 影像姿勢標記偵測

10.1 MediaPipe 簡介

MediaPipe 是 Google Research 所開發的多媒體機器學習模型應用框架，支援 JavaScrpt、Python、C++ 等程式語言，可以執行在嵌入式平台或行動裝置，如 Raspberry Pi 開發板、iOS 手機或 Android 手機，也可執行在後端伺服器。使用 MediaPipe，可以簡單實現人臉偵測、物件偵測、人體姿勢偵測等多種 AI 視覺辨識功能。

10.2 安裝 MediaPipe 套件

我們可先建立虛擬環境，再安裝 MediaPipe 套件。

STEP/ **01** 我們先建立 venv_mediapipe 目錄。

```
$ mkdir  venv_mediapipe
```

STEP/ **02** 建立 venv 虛擬環境目錄。

```
$ cd  venv_mediapipe
$ python3  -m  venv  venv
```

STEP/ **03** 以下列指令啟動虛擬環境。

```
$ source  venv/bin/activate
```

安裝套件

STEP/ **01** 安裝 mediapipe 套件。

```
$ pip install mediapipe
```

STEP/ **02** 安裝 OpenCV 套件，方便我們進行影像的處理。

```
$ pip install opencv-python
```

10.3 MediaPipe AI 視覺功能

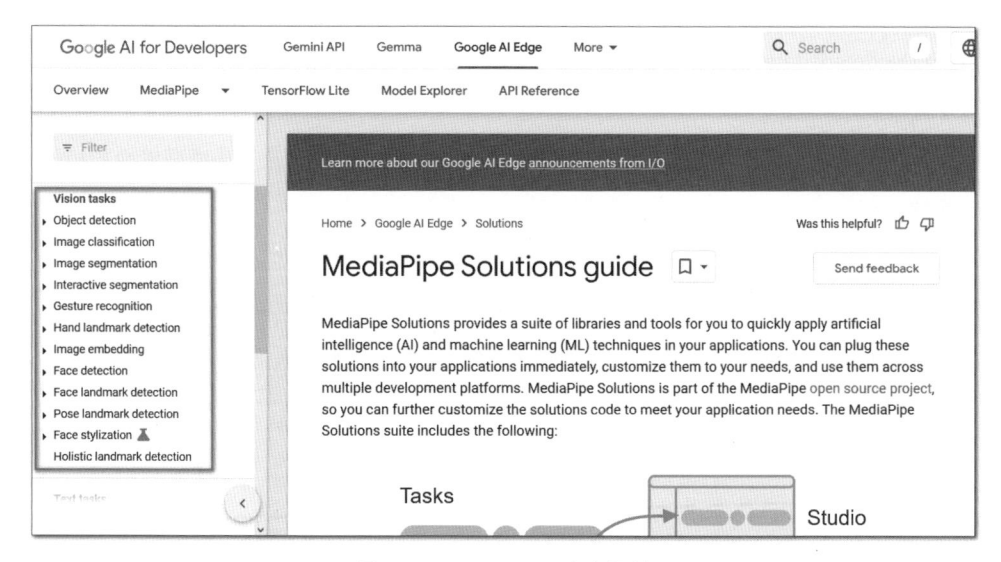

MediaPipe 官方網站

我們可進入 MediaPipe 的官方網站：🔗 https://ai.google.dev/edge/mediapipe/solutions/guide，查看 MediaPipe 支援的 AI 視覺功能。進入網站後的畫面，如圖 10-1 所示。

圖 10-1　MediaPipe 官方網站

在圖 10-1 的左邊 Vision tasks 側邊欄中，可看到 MediaPipe 支援的視覺辨識功能，說明如下：

表 10-1　視覺辨識功能說明

功能	說明
Object detection（物件偵測）	可在影像或視訊中，偵測多個物件的類別及位置。
Image classification（影像分類）	可對影像或視訊進行影像分類。
Image segmentation（影像分割）	可依據預先定義的類別，將影像分割為不同的區域。
Interactive segmentation（互動分割）	可將影像分割為二個區域：一個為選取的物件，另一個為不包含選取物件的其他影像。我們可以互動方式選擇影像中的物件，並使用視覺技術進行操作。
Gesture recognition（手勢辨識）	可即時辨識手勢，並提供偵測手部的結果及標記。
Hand landmark detection（手部標記偵測）	可偵測手部的標記，並定位手部的關鍵點。
Image embedding（影像嵌入）	可建立影像的數位表示。此功能常用來比較兩個影像的相似度。
Face detection（人臉偵測）	可在影像或視訊中偵測人臉，並定位人臉及取得臉部的特徵，如左眼、右眼、鼻尖、嘴巴、左眼瞳孔、右眼瞳孔。
Face landmark detection（人臉標記偵測）	可偵測影像或視訊的人臉標記及臉部表情。
Pose landmark detection（姿勢標記偵測）	可偵測影像或視訊中的人體姿勢標記。

10.4 MediaPipe 使用入門

使用 MediaPipe 套件的步驟如下：①取得訓練好的模型、②建立辨識任務、③準備輸入資料、④建立及執行任務，輸出結果。

🤖 取得訓練好的模型

在 MediaPipe 的官網中，每一個辨識任務下皆有一個「Overview」選項，點選此選項並向下捲動右邊的網頁，可看到「Models」標籤。在 Models 標籤下，會說明該辨識任務採用的模型，並有超連結可供我們下載已訓練好的模型檔案。

例如，點選網頁左邊的「Object detection」任務，可看到「Overview」選項，點選此選項並向下捲動右邊的網頁，可看到「Models」標籤。在 Models 標籤下，可看到 Object detection 辨識功能提供的各種模型，如圖 10-2 所示。若要下載模型（如下載 EfficientDet-Lite0 (float 16) 模型），可點選此模型的超連結，即可下載此模型。

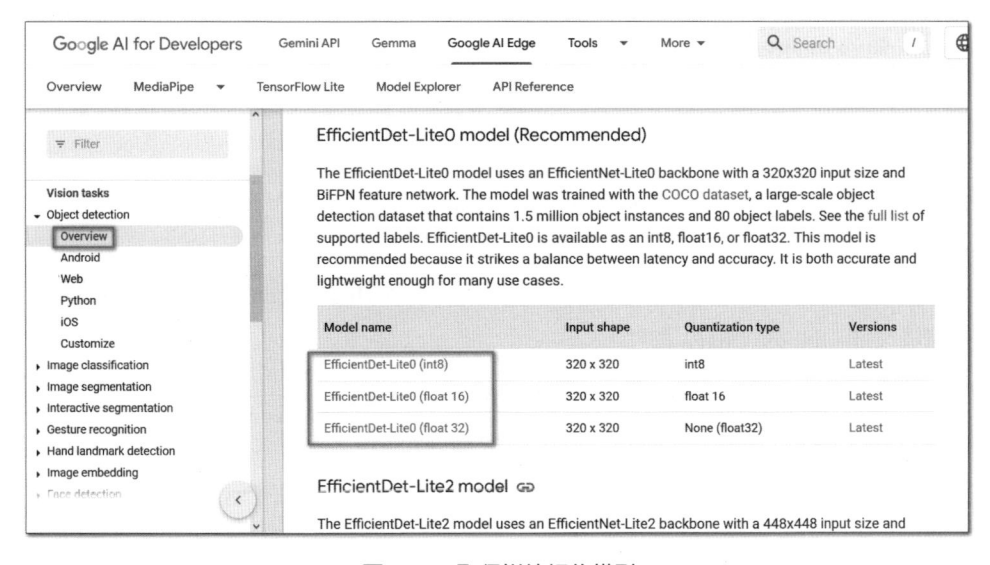

圖 10-2　取得訓練好的模型

253

建立任務

我們可使用 MediaPipe 套件中的 create_from_options() 函式來建立辨識任務。函式可以接受配置參數，不同的辨識任務會有不同的配置參數。

在 MediaPipe 的官網中，每一個辨識任務下皆有一個「Python」選項，點選此選項並向下捲動右邊的網頁，可看到「Create the task」標籤；在此標籤下，可看到建立任務的參考程式碼。

繼續向下捲動右邊的網頁，可看到「Configurations options」標籤；在此標籤下，可看到該辨識任務的配置參數。

準備輸入資料

輸入資料可為 Image 影像檔、NumPy 影像檔、Video 視訊檔，或是來自 Webcam 的串流視訊。

當我們點選辨識功能下的「Python」選項，向下捲動右邊的網頁，可看到「Prepare data」標籤；在此標籤下，可看到準備輸入資料的參考程式碼。

若要輸入 Image 影像檔，可使用 MediaPipe 套件中的 Image.create_from_file() 函式，將載入的影像轉換為 mediapipe.Image 物件。

```
import mediapipe as mp
mp_image = mp.Image.create_from_file('/path/to/image')
```

若要輸入 NumPy 影像檔，可使用 MediaPipe 套件中的 Image() 函式，將載入的影像轉換為 mediapipe.Image 物件。

```
mp_image = mp.Image(image_format=mp.ImageFormat.SRGB, data=numpy_image)
```

若是輸入的資料為 Video 視訊檔或 Webcam 的串流視訊，可使用 OpenCV 的 VideoCapture 載入視訊檔或開啟 Webcam，並在迴圈中以 read() 讀取每一個影格，再以 MediaPipe 的 Image() 函式，將其轉換為 mediapipe.Image 物件。程式範例如下：

```
mp_image = mp.Image(
    image_format=mp.ImageFormat.SRGB,
    data=numpy_frame_from_opencv)
```

🤖 取得 GitHub 程式範例

MediaPipe 提供許多範例，可供我們在撰寫程式時參考。放置程式範例的 GitHub 網址：(URL) https://github.com/google-ai-edge/mediapipe-samples；進入網址後，我們可開啟「examples」資料夾，來查看 MediaPipe 提供的程式範例，如圖 10-3 所示。

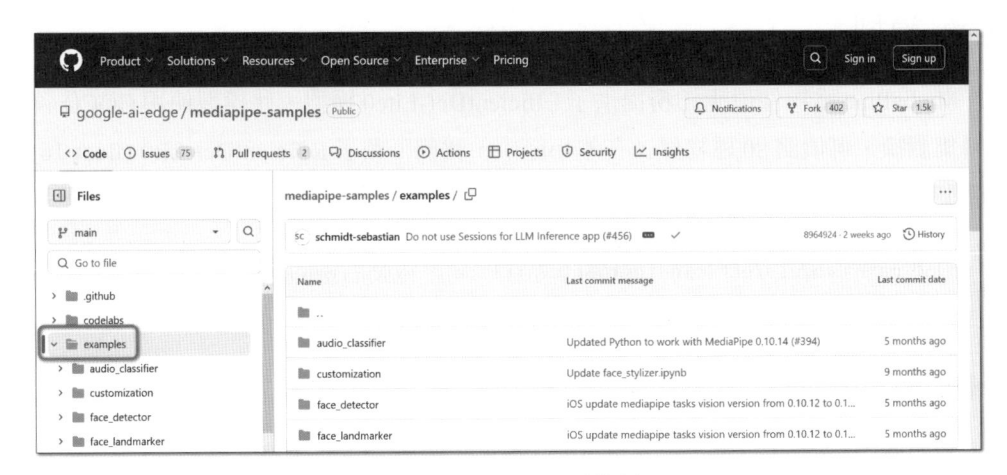

圖 10-3　GitHub 程式範例

10.5 影像物件偵測

使用 MediaPipe 的物件偵測任務，可在影像或視訊中偵測多個物件的類別及位置。例如，在圖 10-4 中，MediaPipe 會辨識出影像中狗及貓的類別及位置。

圖 10-4　物件偵測

※資料來源：MediaPipe 官方網站

😊 模型

　　MediaPipe 為物件偵測任務提供了 EfficientDet-Lite0 模型，此模型使用 COCO 資料集訓練，可偵測 80 種物件。在本小節中，我們下載了 EfficientDet-Lit0 (float 16) 模型，並將其儲存至 models 資料夾中。若要在程式中取得下載的模型，敘述如下：

```
model_path='models/efficientdet_lite0.tflite'
```

😊 載入影像

　　我們使用 mp.Image.create_from_file() 讀入影像檔，讀取後將其轉為 mp.image 物件，再將其轉為 NumPy 影像。程式碼如下：

```
# 載入影像
image_file='images/dog03.jpg'
mp_image=mp.Image.create_from_file(image_file)

# 將影像轉為 numpy 陣列
img=np.copy(mp_image.numpy_view())
h,w,c=img.shape
img2=np.copy(img)
```

　　img 為原始影像，我們另外複製一個 img2 影像，用來存放處理後的影像。

配置參數

物件偵測任務可接受的配置參數，說明如下：

表 10-2　物件偵測任務可接受的配置參數

配置參數	說明
running_mode	執行模式，可為 IMAGE、VIDEO 或 LIVE_STREAM，預設值為 IMAGE。
display_names	設定標籤的顯示語言，預設為 en（英文）。
max_results	設定偵測結果，得分最高的可選最大數量。預設回傳所有結果。
score_threshold	設定預測分數閾值。若偵測結果的分數低於此值，則將被篩選掉。
category_allowlist	設定允許類別名稱的選項列表。若不為空列表，則偵測結果的類別名稱；若不在此列表中，將被篩選掉。此選項與 category_denylist 只能二選一。
category_denylist	設定拒絕類別名稱的選項列表。若不為空列表，則偵測結果的類別名稱；若在此列表中，將被篩選掉。此選項與 category_allowlist 只能二選一。
result_callback	在 LIVE_STREAM 模式時，可設定 result 監聽器非同步接收標記結果。

mp.tasks 模組

MediaPipe 的 tasks 模組具有許多類別，可用來設定模型路徑、指定欲執行的任務、設定配置參數，說明如下：

表 10-3　tasks 模組說明

類別	說明
mp.tasks.BaseOptions	可用來設定模型路徑。

類別	說明
mp.tasks.vision.ObjectDetector	實現物件偵測任務。
mp.tasks.vision.ObjectDetector.Options	設定物件偵測配置參數。
mp.tasks.vision.RunningMode	設定任務的執行模式。

建立任務

要建立物件偵測任務，可以使用 ObjectDetectorOptions() 設定配置參數，並使用 ObjectDetector.create_from_options() 函式建立物件偵測任務。程式範例如下：

```
# 配置參數
options = mp.tasks.vision.ObjectDetectorOptions(
    base_options=mp.tasks.BaseOptions(model_asset_path=model_path),
    score_threshold=0.5,
    max_results=2,
    running_mode=mp.tasks.vision.RunningMode.IMAGE)

# 建立物件偵測任務
with mp.tasks.vision.ObjectDetector.create_from_options(options) as detector:
    ...
```

執行任務

建立任務後，可使用 detect() 方法執行任務。

```
detection_result = detector.detect(mp_image)
```

要注意的是，detect() 中的影像參數須為 mediapipe.image 影像。

偵測結果

物件偵測若有結果，每個物件會回傳 detections 串列，我們可使用 for 迴圈遍歷每個偵測到的物件，畫出偵測到物件的邊界框、標籤及偵測分數。程式範例如下：

```
for detection in detection_result.detections:
    # 畫邊界框
    bbox = detection.bounding_box
    start_point = bbox.origin_x, bbox.origin_y
    end_point = bbox.origin_x + bbox.width, bbox.origin_y + bbox.height
    cv2.rectangle(img2, start_point, end_point, (0,0,255), 2)

    # 顯示標籤及分數
    category = detection.categories[0]
    category_name = category.category_name
    probability = round(category.score, 2)
    result_text = category_name + ' (' + str(probability) + ')'
    text_location = (bbox.origin_x, bbox.origin_y-30)
    cv2.putText(img2, result_text, text_location, cv2.FONT_HERSHEY_PLAIN,
                2, (255,0,0), 3)
```

範例 10-1

讀取影像後，執行 MediaPipe 物件偵測任務，並畫出偵測到物件的邊界框、標籤及偵測分數。

```
import cv2
import mediapipe as mp
import matplotlib.pyplot as plt
import numpy as np

# 設定影像及模型路徑
image_file='images/dog03.jpg'
model_path='models/efficientdet_lite0.tflite'
```

```python
# 載入影像
mp_image=mp.Image.create_from_file(image_file)

# 將影像轉為 numpy 陣列
img=np.copy(mp_image.numpy_view())
h,w,c=img.shape
img2=np.copy(img)

# 配置參數
options = mp.tasks.vision.ObjectDetectorOptions(
    base_options=mp.tasks.BaseOptions(model_asset_path=model_path),
    score_threshold=0.5,
    max_results=2,
    running_mode=mp.tasks.vision.RunningMode.IMAGE)

# 建立物件偵測任務
with mp.tasks.vision.ObjectDetector.create_from_options(options) as detector:
    # 執行物件偵測
    detection_result = detector.detect(mp_image)
    for detection in detection_result.detections:
        # 畫邊界框
        bbox = detection.bounding_box
        start_point = bbox.origin_x, bbox.origin_y
        end_point = bbox.origin_x + bbox.width, bbox.origin_y + bbox.height
        cv2.rectangle(img2, start_point, end_point, (0,0,255), 2)

        # 顯示標籤及分數
        category = detection.categories[0]
        category_name = category.category_name
        probability = round(category.score, 2)
        result_text = category_name + ' (' + str(probability) + ')'
        text_location = (bbox.origin_x, bbox.origin_y-30)
        cv2.putText(img2, result_text, text_location,
            cv2.FONT_HERSHEY_PLAIN, 2, (255,0,0), 3)
```

```
# 顯示影像
plt.subplot(121)
plt.imshow(img)
plt.title('original image')
plt.subplot(122)
plt.imshow(img2)
plt.title('object detection image')
plt.show()
```

輸入完成後，將其儲存為 mp01.py。若要執行程式，可以開啓終端機，以下列指令執行程式：

```
$ python3  mp01.py
```

執行後，會讀取影像檔案進行物件偵測，並將偵測到的物件進行標記，顯示在視窗中。執行結果，如圖 10-5 所示。

圖 10-5　影像物件偵測執行結果

10.6 影像分割

MediaPipe 的影像分割（Image Segmentation）功能，可讓我們依據預先定義的類別，將影像或視訊分割為不同的區域，如圖 10-6 所示。使用此功能，可用來辨識特定物件或紋理，並套用背景模擬等視覺效果。

圖 10-6　影像分割
※ 資料來源：MediaPipe 官方網站

模型

MediaPipe 為影像分割任務提供了多種模型，可用來分割影像或視訊中的人物及其特徵，說明如下：

表 10-4　訓練模型說明

訓練模型	說明
Selfie segmentation model（自拍分割模型）	此模型可分割人物肖像，並可用於替換或修改影像中的背景。
Hair segmentation model（頭髮分割模型）	此模型可取得人物影像，定位人的頭髮，輸出頭髮的影像分割圖。
Mulit-class selfie segmentation model（多類別自拍分割模型）	此模型可取得人物影像，定位不同的區域，如頭髮、皮膚和衣服等，並輸出這些項目的影像分割圖。

訓練模型	說明
DeepLab-v3 model	此模型可辨識多個類別，包含背景、人、貓、狗和盆栽植物等。

在本小節中，我們下載了 Selfie segmentation model（自拍分割模型），並將其儲存至 models 資料夾中。若要在程式中取得下載的模型，敘述如下：

```
model_path = 'models/selfie_segmenter.tflite'
```

配置參數

影像分割任務可接受的配置參數，說明如下：

表 10-5　影像分割任務可接受的配置參數

配置參數	說明
running_mode	執行模式，可為 IMAGE、VIDEO 或 LIVE_STREAM，預設值為 IMAGE。
output_category_mask	若設為 True，輸出會包含一個 unit8 影像的分割遮罩。其中，每一個像素值表示獲勝類別值；預設值為 False。
output_confidence_masks	若設為 True，輸出會包含一個 float 影像的分割遮罩。其中，每一個浮點值表示類別的信心值；預設值為 True。
display_names_locale	設定標籤的顯示語言，預設為 en（英文）。
result_callback	在 LIVE_STREAM 模式時，可設定 result 監聽器非同步接收標記結果。

建立任務

我們使用 ImageSegmenterOptions() 設定影像分割任務的配置參數，並使用 ImageSegmenter 類別建立任務。程式碼如下：

```
# 建置參數
options = mp.tasks.vision.ImageSegmenterOptions(
    base_options=mp.tasks.BaseOptions(model_asset_path=model_path),
    running_mode=mp.tasks.vision.RunningMode.IMAGE,
    output_category_mask=True)

# 建立影像分割任務
with mp.tasks.vision.ImageSegmenter.create_from_options(options) as segmenter:
...
```

要注意的是,請將 output_category_mask 設為 True,因為此參數的預設值為 False。

執行任務

我們可使用 ImageSegmenter 類別的 segment() 方法來執行任務。

```
segmentation_result = segmenter.segment(mp_image)
```

分割結果

影像分割的執行結果會輸出分割影像數據。在本小節中,我們採用 Selfie segmentation model(自拍分割模型),會輸出 category_mask 的影像數據。此影像為 uint8 格式,影像中的像素值若為 0,表示分割的人物肖像;若為 255,則表示分割的背景。

影像去背

若要執行影像去背效果,可以先取得 category_mask 影像數據,並建立背景影像,指定背景影像的顏色。程式範例如下:

```
# 取得遮罩
category_mask = segmentation_result.category_mask

# 建立前景及背景影像
```

```
bg_image = np.zeros(img.shape, dtype=np.uint8)
bg_image[:] = (192,192,192)   # gray
```

接著,我們將 category_mask 影像轉為 NumPy 影像,生成一個新的三維影像。若新影像的像素值大於 0.2,則顯示背景影像,否則顯示原始影像。程式碼如下:

```
condition = np.stack((category_mask.numpy_view(),) * 3, axis=-1) > 0.2
img2 = np.where(condition, bg_image, img)
```

在上述程式碼中,我們使用 np.stack() 函式,將 category_mask.numpy_view() 陣列,沿著最後一個維度(axis=-1)進行三次堆疊,形成一個三維影像。我們將新堆疊後的陣列與 0.2 進行比較,生成一個布林陣列 condition,其中每個元素都是對應位置的值是否大於 0.2。最後,我們使用 np.where() 函式,根據 condition 的值,選擇性從 bg_image 或 img 中選取對應的像素值來生成 img2 影像。

範例 10-2

讀取影像後,執行影像分割任務,將分割後的背景以灰色顯示,顯示影像去背的效果。

```
import mediapipe as mp
import numpy as np
import matplotlib.pyplot as plt

# 影像及模型路徑
image_file='images/girl06.jpg'
model_path = 'models/selfie_segmenter.tflite'

# 載入影像
mp_image=mp.Image.create_from_file(image_file)

# 將影像轉為 numpy 陣列
img=np.copy(mp_image.numpy_view())

# 建置參數
```

```
options = mp.tasks.vision.ImageSegmenterOptions(
    base_options=mp.tasks.BaseOptions(model_asset_path=model_path),
    running_mode=mp.tasks.vision.RunningMode.IMAGE,
    output_category_mask=True)

# 建立影像分割任務
with mp.tasks.vision.ImageSegmenter.create_from_options(options) as segmenter:
    # 執行影像分割
    segmentation_result = segmenter.segment(mp_image)

    # 取得影像分割遮罩
    category_mask = segmentation_result.category_mask

    # 建立背景影像
    bg_image = np.zeros(img.shape, dtype=np.uint8)
    bg_image[:] = (192,192,192)  # gray

    # 根據 category_mask 的值,生成一個新的 output_image
    # 若 category_mask > 0.2,顯示 bg_image,否則顯示 img
    condition = np.stack((category_mask.numpy_view(),) * 3, axis=-1) > 0.2
    img2 = np.where(condition, bg_image, img)

# 顯示影像
plt.subplot(121)
plt.imshow(img)
plt.title('original image')
plt.subplot(122)
plt.imshow(img2)
plt.title('image segmentation image')
plt.show()
```

輸入完成後,將其儲存為 mp02.py。若要執行程式,可以開啟終端機,以下列指令執行程式:

```
$ python3   mp02.py
```

執行後，會讀取影像檔案進行影像分割，並將偵測到的人物保留，去除背景後顯示在視窗中。執行結果，如圖 10-7 所示。

圖 10-7　影像去背

10.7　影像人臉偵測

MediaPipe 的人臉偵測任務，可讓我們在影像或視訊中偵測人臉，並定位人臉及取得臉部的特徵，如圖 10-8 所示。

圖 10-8　人臉偵測

※資料來源：MediaPipe 官方網站

模型

MediaPipe 為人臉偵測任務提供了 BlazeFace 模型。此模型是一種針對行動 GPU 推理、已進行最佳化的人臉偵測器。適用於 3D 臉部關鍵點估計、表情分類及人臉區域分割。

在本小節中，我們下載了 BlazeFace (short-range) 模型（其中 short-range 表示近距離偵測人臉），並將其存在 models 資料夾中。在程式中，我們可建立 model_path 變數來指定模型路徑。

```
model_path = 'models/ blaze_face_short_range.tflite'
```

配置參數

人臉偵測任務可接受的配置參數，說明如下：

表 10-6　人臉偵測任務可接受的配置參數

配置參數	說明
running_mode	執行模式，可為 IMAGE、VIDEO 或 LIVE_STREAM；預設值為 IMAGE。
min_detection_confidence	成功偵測人臉的最小信心分數；預設值為 0.5。
min_suppression_threshold	重疊的人臉偵測的最小「非最大抑制」閾值。此值可用來選擇最佳邊界框（Bounding Box）的閾值，其目的是消除重疊的框，只保留最佳的框。如果兩個框的 IoU 重疊程度大於此閾值，則其中一個框會被刪除，以避免重複偵測；預設值為 0.3。
result_callback	在 LIVE_STREAM 模式時，可設定 result 監聽器非同步接收標記結果。

建立任務

我們使用 FaceDetetorOptions() 設定人臉偵測任務的配置參數,並使用 FaceDetector 類別建立人臉偵測任務。

```
# 配置選項
options=mp.tasks.vision.FaceDetectorOptions(
    base_options=mp.tasks.BaseOptions(model_asset_path=model_path),
    running_mode=mp.tasks.vision.RunningMode.IMAGE
)

# 建立人臉偵測任務
with mp.tasks.vision.FaceDetector.create_from_options(options) as detector:
    ...
```

執行任務

建立任務後,可使用 detect() 方法執行任務。

```
detection_result=detector.detect(mp_image)
```

偵測結果

人臉偵測若有結果,每個人臉會回傳 detections 串列,我們可使用 for 迴圈遍歷每個偵測到的人臉,畫出偵測到人臉的邊界框及人臉特徵。畫臉邊界框的方式與物件偵測程式相同,而畫人臉特徵的程式碼如下:

```
# 取出影像形狀
h,w,c=img2.shape

# 畫人臉特徵
for keypoint in detection.keypoints:
    cx=int(keypoint.x*w)
    cy=int(keypoint.y*h)
    cv2.circle(img2,(cx,cy),5,(255,0,0),-1)
```

我們遍歷每個人臉的關鍵點（keypoint），取出每個人臉關鍵點的座標後，keypoint.x 須乘上影像的寬，keypoint.y 須乘上影像的高，才能取得關鍵點在人臉的真正座標。接著，我們使用 OpenCV 的 circle() 函式，以圓點標示人臉的關鍵點。

範例 10-3

讀取影像後，執行人臉偵測任務，畫出偵測到人臉的邊界框及人臉特徵。

```python
import cv2
import numpy as np
import mediapipe as mp
import matplotlib.pyplot as plt

# 設定影像及模型路徑
image_file='images/girl01.jpg'
model_path='models/blaze_face_short_range.tflite'

# 載入影像
mp_image=mp.Image.create_from_file(image_file)

# 將影像轉為 numpy 陣列
img=np.copy(mp_image.numpy_view())
img2=np.copy(img)

# 取出影像形狀
h,w,c=img2.shape

# 配置選項
options=mp.tasks.vision.FaceDetectorOptions(
    base_options=mp.tasks.BaseOptions(model_asset_path=model_path),
    running_mode=mp.tasks.vision.RunningMode.IMAGE
)

# 建立人臉偵測任務
with mp.tasks.vision.FaceDetector.create_from_options(options) as detector:
```

```
# 執行人臉偵測
detection_result=detector.detect(mp_image)
for detection in detection_result.detections:
    # 畫邊界框
    bbox=detection.bounding_box
    x1=bbox.origin_x
    y1=bbox.origin_y
    width=bbox.width
    height=bbox.height
    cv2.rectangle(img2, (x1,y1), (x1+width, y1+height), (0,0,255), 3)

    # 畫人臉特徵
    for keypoint in detection.keypoints:
        cx=int(keypoint.x*w)
        cy=int(keypoint.y*h)
        cv2.circle(img2,(cx,cy),5,(255,0,0),-1)

# 顯示影像
plt.subplot(121)
plt.imshow(img)
plt.title('original image')
plt.subplot(122)
plt.imshow(img2)
plt.title('face detection image')
plt.show()
```

輸入完成後，將其儲存為 mp03.py。若要執行程式，可以開啟終端機，以下列指令執行程式：

```
$ python3  mp03.py
```

執行後，會讀取影像檔案進行人臉偵測，並將偵測到的人臉進行標記，顯示在視窗中。執行結果，如圖 10-9 所示。

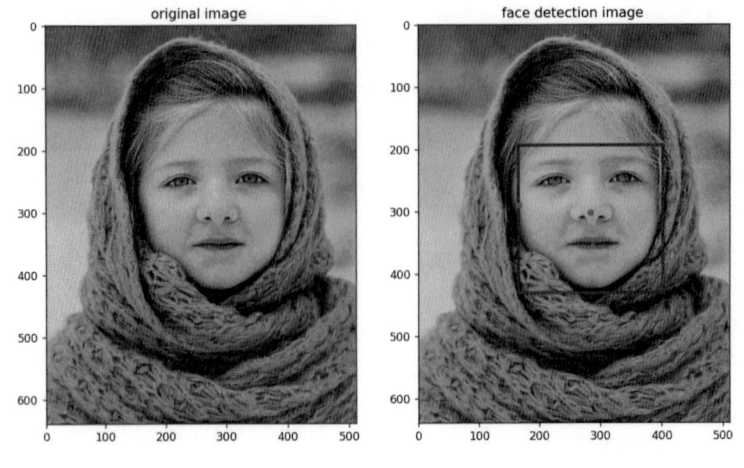

圖 10-9　人臉偵測

10.8 影像人臉標記偵測

　　MediaPipe 的人臉標記偵測（Face Landmark Detection）任務，可讓我們偵測影像或視訊的人臉標記及臉部表情，如圖 10-10 所示。我們可使用此功能來辨識人臉表情，套用臉部濾鏡及效果，並建立虛擬頭像。

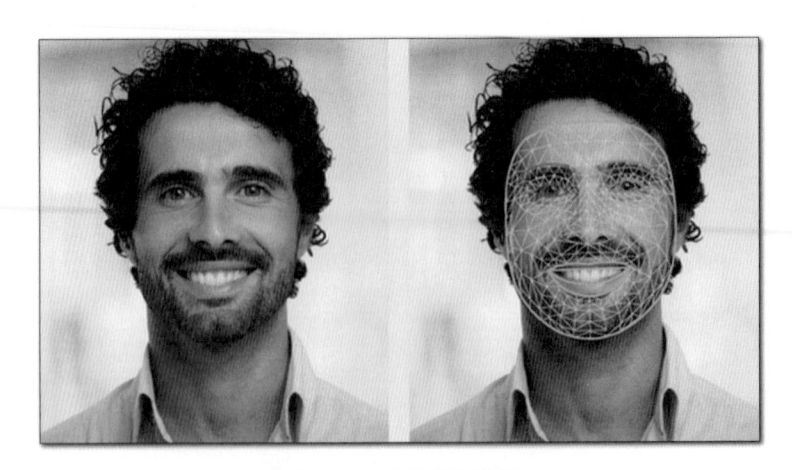

圖 10-10　人臉標記偵測

※ 資料來源：MediaPipe 官方網站

模型

MediaPipe 為人臉標記偵測任務提供了 FaceLandmarker 模型。此模型包含了三種模型來預測臉部標記，說明如下：

- **人臉偵測模型**：透過幾個關鍵臉部標記，偵測人臉的存在。
- **臉部網格模型**：加入臉部的完整映射。模型輸出 478 個三維人臉特徵標記。
- **Blendshape 預測模型**：接收臉部網格模型的輸出，預測 52 個 Blendshape 分數，它們代表臉部不同表情的係數。

在本小節中，我們將下載的 FaceLandmarker 模型存在 models 資料夾下，檔名為「face_landmarker.task」。在程式中，可建立 model_path 變數來指定模型路徑。

```
model_path = 'models/face_landmarker.task'
```

配置參數

人臉標記任務可接受的配置參數，說明如下：

表 10-7　人臉標記任務可接受的配置參數

配置參數	說明
running_mode	執行模式，可為 IMAGE、VIDEO 或 LIVE_STREAM，預設值為 IMAGE。
num_faces	可偵測的人臉數；預設值為 1。
min_face_detection_confidence	成功偵測人臉的最小信心分數；預設值為 0.5。
min_face_presence_confidence	人臉存在的最小信心分數；預設值為 0.5。
min_tracking_confidence	成功追蹤人臉的最小信心分數；預設值為 0.5。
output_face_blendshapes	是否輸出人臉 blendshapes；預設值為 False。
output_facial_transformation_matrixes	是否輸出人臉轉換矩陣；預設值為 False。

配置參數	說明
result_callback	在 LIVE_STREAM 模式時，可設定 result 監聽器非同步接收標記結果。

建立任務

我們可使用 FaceLandmarkerOptions() 來設定人臉標記偵測任務的配置參數，並使用 FaceLandmarker 類別來建立人臉標記偵測任務。

```
# 配置選項
options=mp.tasks.vision.FaceLandmarkerOptions(
    base_options=mp.tasks.BaseOptions(model_asset_path=model_path),
    running_mode=mp.tasks.vision.RunningMode.IMAGE
)

# 建立人臉標記偵測任務
with mp.tasks.vision.FaceLandmarker.create_from_options(options) as detector:
    ...
```

執行任務

若要執行人臉標記偵測任務，可使用 detect() 方法。

```
detection_result=detector.detect(mp_image)
```

偵測結果

執行任務後，會將每個偵測到的人臉回傳 face_landmarkers 串列。此串列包含 478 點標記，以 NormailzedLandmark #0 至 NormailzedLandmark # 477 元素表示。每個 NormailzedLandmark 元素會內含標記的座標。

我們可使用 for 迴圈依序取出每個偵測到的人臉，取出偵測到人臉的 478 點標記，並畫出人臉網格。程式碼如下：

```
# 儲存執行結果
face_landmarks_list=detection_result.face_landmarks
for id in range(len(face_landmarks_list)):
    # 依序取出偵測到的人臉
    face_landmarks=face_landmarks_list[id]

    # 取出478點標記
    face_landmarks_proto=landmark_pb2.NormalizedLandmarkList()
    for landmark in face_landmarks:
        face_landmarks_proto.landmark.extend([
            landmark_pb2.NormalizedLandmark(
            x=landmark.x,y=landmark.y,z=landmark.z)])

    # 畫人臉網格
    solutions.drawing_utils.draw_landmarks(
        image=img2,
        landmark_list=face_landmarks_proto,
        connections=mp.solutions.face_mesh.FACEMESH_TESSELATION,
        landmark_drawing_spec=None,
        connection_drawing_spec=mp.solutions.drawing_styles.
        get_default_face_mesh_tesselation_style(),
    )
...
```

在畫人臉標記時，我們使用 landmark_pb2.NormalizedLandmarkList() 函式，取得 NormalizedLandmark 串列資料，並使用 solutions.drawing_utilts 類別的 draw_landmarks() 方法，畫出人臉網格。

範例 10-4

讀取影像後，執行人臉標記偵測任務。執行後，取出偵測到人臉的 478 點標記，並畫出人臉網格。

```
import cv2
import numpy as np
```

```python
import mediapipe as mp
from mediapipe import solutions
from mediapipe.framework.formats import landmark_pb2
import matplotlib.pyplot as plt

# 設定影像及模型路徑
image_file='images/girl01.jpg'
model_path='models/face_landmarker.task'

# 載入影像
mp_image=mp.Image.create_from_file(image_file)

# 將影像轉為 numpy 陣列
img=np.copy(mp_image.numpy_view())
img2=np.copy(img)

# 配置選項
options=mp.tasks.vision.FaceLandmarkerOptions(
    base_options=mp.tasks.BaseOptions(model_asset_path=model_path),
    running_mode=mp.tasks.vision.RunningMode.IMAGE
)

# 建立人臉標記偵測任務
with mp.tasks.vision.FaceLandmarker.create_from_options(options) as detector:
    # 執行人臉標記
    detection_result=detector.detect(mp_image)

    # 儲存執行結果
    face_landmarks_list=detection_result.face_landmarks
    for id in range(len(face_landmarks_list)):
        # 依序取出偵測到的人臉
        face_landmarks=face_landmarks_list[id]

        # 取出 478 點標記
        face_landmarks_proto=landmark_pb2.NormalizedLandmarkList()
```

```python
    for landmark in face_landmarks:
        face_landmarks_proto.landmark.extend([
            landmark_pb2.NormalizedLandmark(
            x=landmark.x,y=landmark.y,z=landmark.z)
        ])

    # 畫人臉網格
    solutions.drawing_utils.draw_landmarks(
        image=img2,
        landmark_list=face_landmarks_proto,
        connections=mp.solutions.face_mesh.FACEMESH_TESSELATION,
        landmark_drawing_spec=None,
        connection_drawing_spec=mp.solutions.drawing_styles.
            get_default_face_mesh_tesselation_style(),
    )

    solutions.drawing_utils.draw_landmarks(
        image=img2,
        landmark_list=face_landmarks_proto,
        connections=mp.solutions.face_mesh.FACEMESH_CONTOURS,
        landmark_drawing_spec=None,
        connection_drawing_spec=mp.solutions.drawing_styles.
            get_default_face_mesh_contours_style(),
    )

    solutions.drawing_utils.draw_landmarks(
        image=img2,
        landmark_list=face_landmarks_proto,
        connections=mp.solutions.face_mesh.FACEMESH_IRISES,
        landmark_drawing_spec=None,
        connection_drawing_spec=mp.solutions.drawing_styles.
            get_default_face_mesh_iris_connections_style(),
    )

# 顯示影像
```

```
plt.subplot(121)
plt.imshow(img)
plt.title('original image')
plt.subplot(122)
plt.imshow(img2)
plt.title('face landmark detection image')
plt.show()
```

輸入完成後,將其儲存爲 mp04.py。若要執行程式,可以開啓終端機,以下列指令執行程式:

```
$ python3  mp04.py
```

執行後,會讀取影像檔案進行人臉標記偵測,並將偵測到的人臉進行標記,顯示在視窗中。執行結果,如圖 10-11 所示。

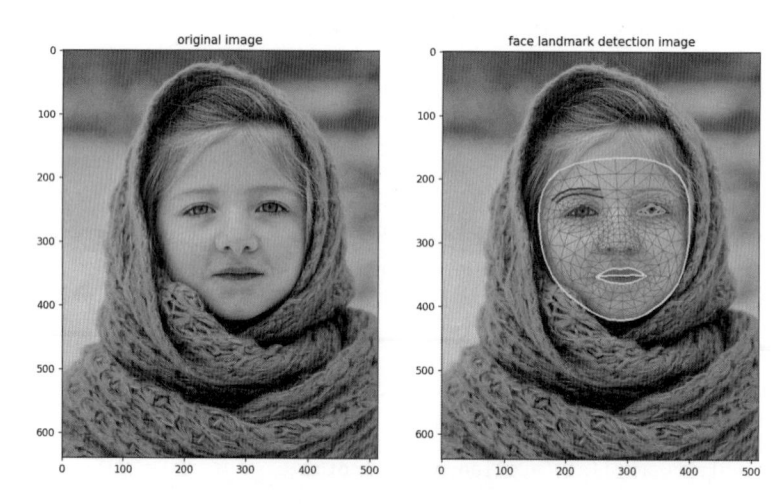

圖 10-11　人臉標記偵測

10.9 影像姿勢標記偵測

MediaPipe 的姿勢標記偵測（Pose Landmark Detection）任務，可讓我們偵測影像或視訊的人體標記，如圖 10-12 所示。我們可使用此功能來辨識身體的關鍵位置、分析姿勢，並對動作進行分類。

圖 10-12　姿勢標記偵側
※資料來源：MediaPipe 官方網站

模型

MediaPipe 為姿勢標記偵測提供了 Pose landmarker 模型。此模型包含了二種模型：

❑ **姿勢偵測模型**：此模型可讓我們以少量關鍵姿勢標記，來偵測身體是否存在。
❑ **姿勢標記模型**：此模型可輸出估測的 33 個 3D 姿勢標記。

Pose landmarker 模型使用與卷積神經網路類似的 MobileNewV2，並進行了優化，可用於即時健身的應用程式。在本小節中，我們下載了 Pose Landmarker (Full) 模型，將其存在 models 資料夾下，檔名為「pose_landmarker_full.task」。在程式中，我們可建立 model_path 變數來指定模型路徑。

```
model_path = 'models/pose_landmarker_full.task'
```

33 個姿勢標記

姿勢標記模型會追蹤身體的 33 個標記位置，33 個姿勢標記如圖 10-13 所示。

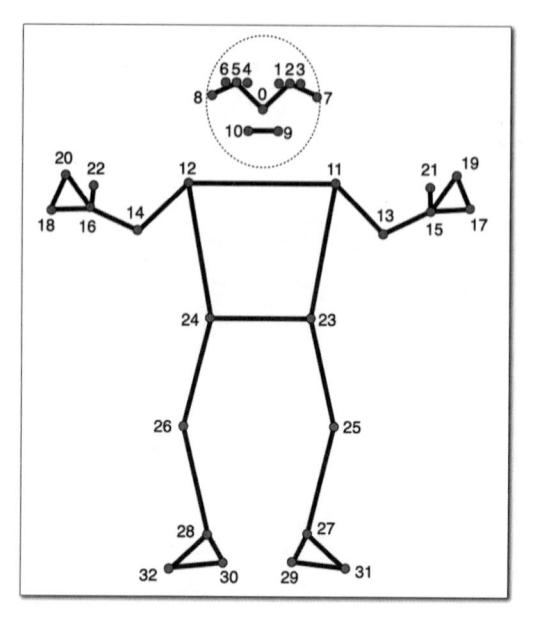

圖 10-13　33 個姿勢標記

※ 資料來源：MediaPipe 官方網站

33 個姿勢標記說明如下：

表 10-8　姿勢標記說明

編號	姿勢	編號	姿勢	編號	姿勢
0	nose	11	left shoulder	22	right thumb
1	left eye (inner)	12	right shoulder	23	left hip
2	left eye	13	left elbow	24	right hip
3	left eye (outer)	14	right elbow	25	left knee
4	right eye (inner)	15	left wrist	26	right knee
5	right eye	16	right wrist	27	left ankle
6	right eye (outer)	17	left pinky	28	right ankle

編號	姿勢	編號	姿勢	編號	姿勢
7	left ear	18	right pinky	29	left heel
8	right ear	19	left index	30	right heel
9	mouth (left)	20	right index	31	left foot index
10	mouth (right)	21	left thumb	32	right foot index

配置參數

姿勢標記偵測任務可接受的配置參數，說明如下：

表 10-9　姿勢標記偵測任務可接受的配置參數

配置參數	說明
running_mode	執行模式，可為 IMAGE、VIDEO 或 LIVE_STREAM；預設值為 IMAGE。
num_poses	可偵測的最大身體姿勢數量；預設值為 1。
min_pose_detection_confidence	成功偵測姿勢的最小信心分數；預設值為 0.5。
min_pose_presence_confidence	偵測時，姿勢存在的最小信心分數；預設值為 0.5。
min_tracking_confidence	可成功追蹤姿勢的最小信心分數；預設值為 0.5
output_segmentation_masks	是否讓姿勢標記輸出分割遮罩；預設值為 False。
result_callback	在 LIVE_STREAM 模式時，可設定 result 監聽器非同步接收標記結果。

建立任務

我們可使用 PoseLandmarkerOptions() 設定姿勢標記偵測任務的配置參數，並使用 PoseLandmarker 類別建立姿勢標記偵測任務。

```
# 配置參數
options = mp.tasks.vision.PoseLandmarkerOptions(
    base_options=mp.tasks.BaseOptions(model_asset_path=model_path),
    running_mode=mp.tasks.vision.RunningMode.IMAGE)

# 建立姿勢標記偵測任務
with mp.tasks.vision.PoseLandmarker.create_from_options(options) as landmarker:
....
```

執行任務

建立任務後,可使用 detect() 方法執行姿勢標記偵測任務。

```
pose_landmarker_result = landmarker.detect(mp_image)
```

偵測結果

執行任務後,會將偵測到的每個人體姿勢標記回傳 pose_landmarks 串列。串列中會有 33 個姿勢標記,表示為 Landmark # 0 至 Landmark #32,而每個 Landmark 會有標記的座標及存在分數。

我們可使用 for 迴圈依序取出偵測到的每個人體姿勢標記及存在分數,並使用 solutions.drawing_utils 類別的 draw_landmarks() 方法,印出偵測到人體的標記座標及存在分數,並畫出姿勢標記。程式碼如下:

```
# 取出標記
pose_landmarks_proto=landmark_pb2.NormalizedLandmarkList()
extend_list=[]
for id, landmark in enumerate(pose_landmarks):
    # 依序取出 33 點標記座標及存在分數
    x=landmark.x
    y=landmark.y
    z=landmark.z
    v=landmark.visibility
```

```
# 印出 33 點標記座標及存在分數
print(f"[{idx}, {id}, {x:.2f}, {y:.2f}, {z:.2f}, {v:.2f}]")

extend_list.append(
    landmark_pb2.NormalizedLandmark(x=x,y=y,z=z))

# 畫姿勢標記
pose_landmarks_proto.landmark.extend(extend_list)
option=solutions.drawing_utils.DrawingSpec(color=(255,0,0), thickness=3)
solutions.drawing_utils.draw_landmarks( ... )
```

範例 10-5

讀取影像後,執行人體姿勢標記任務,依序印出偵測到的每個人體姿勢標記及存在分數,並畫出人體的姿勢標記。

```
import mediapipe as mp
import numpy as np
from mediapipe.framework.formats import landmark_pb2
from mediapipe import solutions
import matplotlib.pyplot as plt

# 設定影像及模型路徑
image_file='images/sport01.jpg'
model_path = 'models/pose_landmarker_full.task'

# 載入影像
mp_image=mp.Image.create_from_file(image_file)

# 將影像轉為 numpy 陣列
img=np.copy(mp_image.numpy_view())
img2=np.copy(img)

# 配置參數
options = mp.tasks.vision.PoseLandmarkerOptions(
```

```python
    base_options=mp.tasks.BaseOptions(model_asset_path=model_path),
    running_mode=mp.tasks.vision.RunningMode.IMAGE)

# 建立姿勢標記偵測任務
with mp.tasks.vision.PoseLandmarker.create_from_options(options) as landmarker:
    # 執行姿勢標記偵測
    pose_landmarker_result = landmarker.detect(mp_image)

    # 儲存偵測結果
    pose_landmarks_list = pose_landmarker_result.pose_landmarks
    for idx in range(len(pose_landmarks_list)):
        # 依序取出每個人體姿勢
        pose_landmarks = pose_landmarks_list[idx]

        # 取出標記
        pose_landmarks_proto=landmark_pb2.NormalizedLandmarkList()
        extend_list=[]
        for id, landmark in enumerate(pose_landmarks):
            # 依序取出 33 點標記座標及存在分數
            x=landmark.x
            y=landmark.y
            z=landmark.z
            v=landmark.visibility

            # 印出 33 點標記座標及存在分數
            print(f"[{idx}, {id}, {x:.2f}, {y:.2f}, {z:.2f}, {v:.2f}]")
            extend_list.append(
                landmark_pb2.NormalizedLandmark(x=x,y=y,z=z))

        # 畫姿勢標記
        pose_landmarks_proto.landmark.extend(extend_list)
        option=solutions.drawing_utils.DrawingSpec(color=(255,0,0),
thickness=3)
        solutions.drawing_utils.draw_landmarks(
            img2,
            pose_landmarks_proto,
```

```
            solutions.pose.POSE_CONNECTIONS,
            solutions.drawing_styles.get_default_pose_landmarks_style(),
    )

# 顯示影像
plt.subplot(121)
plt.imshow(img)
plt.title('original image')
plt.subplot(122)
plt.imshow(img2)
plt.title('pose landmark detection image')
plt.show()
```

輸入完成後,將其儲存為 mp05.py。若要執行程式,可以開啟終端機,以下列指令執行程式:

```
$ python3  mp05.py
```

執行後,會讀取影像檔案進行人體姿勢偵測,並將偵測到的人體姿勢進行標記,顯示在視窗中。執行結果,如圖 10-14 所示;同時我們可在終端機中看到 33 點人體姿勢標記座標及存在分數。

```
[0, 0, 0.52, 0.21, -0.37, 1.00]
[0, 1, 0.53, 0.19, -0.36, 1.00]
[0, 2, 0.55, 0.19, -0.36, 1.00]
[0, 3, 0.56, 0.19, -0.36, 1.00]
[0, 4, 0.51, 0.19, -0.33, 1.00]
[0, 5, 0.51, 0.19, -0.33, 1.00]
...
[0, 30, 0.54, 0.97, -0.34, 0.64]
[0, 31, 0.56, 0.96, 0.47, 0.46]
[0, 32, 0.55, 1.00, -0.65, 0.92]
```

圖 10-14　人體姿勢標記偵測

11

MediaPipe 串流視訊應用

11.1　Webcam 物件偵測

11.2　Webcam 手部標記偵測

11.3　Webcam 手勢辨識

11.4　Webcam 人臉偵測

11.5　Webcam 姿勢標記偵測

11.1 Webcam 物件偵測

使用 MediaPipe 的物件偵測任務，可在影像或視訊中偵測多個物件的類別及位置。在本小節中，我們將探討如何建立及執行 Webcam 串流視訊的物件偵測任務。

模型

MediaPipe 為物件偵測任務，除了提供了 EfficientDet-Lite0 模型外，也提供了 SSDMobileNet-V2 模型。此模型使用輸入大小為 256×256 的 MobileNetV2 骨幹及 SSD 特徵網路，以 COCO 資料集進行訓練，可偵測 80 個物件。

在本小節中，我們下載了 SSDMobileNet-V2(float 32) 模型，並將其儲存至 models 資料夾中。在程式中若要取得下載的模型，敘述如下：

```
model = 'models/ssd_mobilenet_v2.tflite'
```

建立任務

要使用 Webcam 進行物件偵測，需要在配置參數時，將 running_mode 設定為 LIVE_STREAM，並指定 result_callback 非同步接收偵測結果。程式碼如下：

```
options = mp.tasks.vision.ObjectDetectorOptions(
    base_options=mp.tasks.BaseOptions(model_asset_path=model),
    running_mode=mp.tasks.vision.RunningMode.LIVE_STREAM,
    score_threshold=0.5,
    max_results=5,
    result_callback=save_result)

# 建立物件偵測任務
detector = mp.tasks.vision.ObjectDetector.create_from_options(options)
```

其中，我們設定 result_callback 為 save_result() 函式。

save_result() 函式

save_result() 函式為非同步接收偵測結果的處理函式，在函式中我們將接收結果存至 DETECTION_RESULT 變數中，並計算 FPS（每秒影格播放數），程式碼如下：

```
# 參數
COUNTER, FPS = 0, 0
START_TIME = time.time()
DETECTION_RESULT = None
def save_result(result: mp.tasks.vision.ObjectDetectorResult,
                unused_output_image: mp.Image,
                timestamp_ms: int):
    global FPS, COUNTER, START_TIME, DETECTION_RESULT

    # Calculate the FPS
    if COUNTER % 10 == 0:
        FPS = 10 / (time.time() - START_TIME)
        START_TIME = time.time()

    DETECTION_RESULT = result
    COUNTER += 1
```

執行任務

要執行非同步偵測任務，可使用 detect_async() 函式。此函式須傳入 mp.image 影像以及一個單調遞增的數值。

```
detector.detect_async(mp_image, time.time_ns() // 1_000_000)
```

其中，單調遞增的數值為「time.time_ns() // 1_000_000」。敘述中的 time.time_ns() 函式，會回傳自 Unix 紀元以來的目前時間，以奈秒為單位。我們將回傳時間以 1_000_000 進行整數除法，將奈秒數轉換為毫秒數，形成一個單調遞增數值。

偵測結果

物件偵測若有結果，每個物件會回傳 detections 串列。如同影像物件偵測的程式，我們可使用 for 迴圈遍歷每個偵測到的物件，畫出偵測到物件的邊界框、標籤及偵測分數。

範例 11-1

讀取 Webcam 串流視訊，非同步執行物件偵測。畫出偵測到物件的邊界框、標籤及偵測分數。

```python
import sys
import time
import cv2
import mediapipe as mp
import numpy as np

# 參數
COUNTER, FPS = 0, 0
START_TIME = time.time()
DETECTION_RESULT = None

def save_result(result: mp.tasks.vision.ObjectDetectorResult,
                unused_output_image: mp.Image,
                timestamp_ms: int):
    global FPS, COUNTER, START_TIME, DETECTION_RESULT

    # Calculate the FPS
    if COUNTER % 10 == 0:
        FPS = 10 / (time.time() - START_TIME)
        START_TIME = time.time()
    DETECTION_RESULT = result
    COUNTER += 1

# 模型
model = 'models/ssd_mobilenet_v2.tflite'
```

```python
# 配置參數
options = mp.tasks.vision.ObjectDetectorOptions(
    base_options=mp.tasks.BaseOptions(model_asset_path=model),
    running_mode=mp.tasks.vision.RunningMode.LIVE_STREAM,
    score_threshold=0.5,
    max_results=1,
    category_allowlist=["person"],
    result_callback=save_result)

# 建立物件偵測任務
detector = mp.tasks.vision.ObjectDetector.create_from_options(options)

# webcam
cap = cv2.VideoCapture(0)
cap.set(cv2.CAP_PROP_FRAME_WIDTH, 800)
cap.set(cv2.CAP_PROP_FRAME_HEIGHT, 600)

while cap.isOpened():
    # 讀取影像
    success, image = cap.read()
    if not success:
        sys.exit('read webcam error.')

    # 轉為 mp image
    rgb_image = cv2.cvtColor(image, cv2.COLOR_BGR2RGB)
    mp_image = mp.Image(
        image_format=mp.ImageFormat.SRGB, data=rgb_image)

    # 執行物件偵測
    detector.detect_async(mp_image, time.time_ns() // 1_000_000)


    img2=np.copy(image)

    # 顯示 FPS
    fps_text=f"FPS={FPS:0.1f}"
```

```python
            cv2.putText(img2, fps_text, (24, 50),
                cv2.FONT_HERSHEY_DUPLEX, 1, (255,255,0), 1, cv2.LINE_AA)

        # 顯示偵測結果
        if DETECTION_RESULT:
            for detection in DETECTION_RESULT.detections:
                # 畫邊界框
                bbox = detection.bounding_box
                start_point = bbox.origin_x, bbox.origin_y
                end_point = bbox.origin_x + bbox.width, 
                    bbox.origin_y + bbox.height
                cv2.rectangle(img2, start_point, end_point, (0, 165, 255), 3)

                # 畫標籤及分數
                category = detection.categories[0]
                category_name = (category.category_name
                    if category.category_name is not None else '')
                probability = round(category.score, 2)
                result_text = category_name + ' (' + str(probability) + ')'
                text_location = (bbox.origin_x + 10, bbox.origin_y + 40)
                cv2.putText(img2, result_text, text_location,
                    cv2.FONT_HERSHEY_DUPLEX,
                    1, (0,255,255), 1, cv2.LINE_AA)

        # 顯示影像
        cv2.imshow('face_detection', img2)
        if cv2.waitKey(1) == 27:
            break

detector.close()
cap.release()
cv2.destroyAllWindows()
```

　　輸入完成後，將其儲存為 mp_cam01.py。若要執行程式，可以開啓終端機，以下列指令執行程式：

```
$ python3　mp_cam01.py
```

執行後，會啓動 Webcam 進行物件偵測，並將偵測到的物件進行標記，顯示在視窗中，按下 Esc 鍵可退出程式。執行結果，如圖 11-1 所示。

圖 11-1　Webcam 物件偵測

11.2 Webcam 手部標記偵測

MediaPipe 的手部標記任務，可讓我們偵測影像或視訊的手部標記，如圖 11-2 所示。我們可使用此功能定位手部的關鍵點，渲染視覺效果。

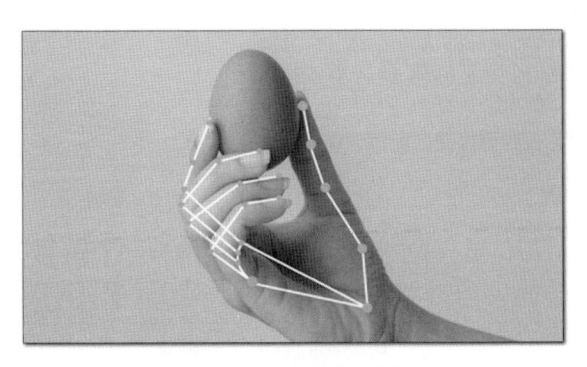

圖 11-2　手部標記偵測

※ 資料來源：MediaPipe 官方網站

🤖 模型

MediaPipe 為手部標記偵測提供了 HandLandmarker 模型，此模型包含了二個模型：①手掌偵測模型、②手部標記偵測模型。在本小節中，我們下載了 HandLandmarker(full) 模型，並將其儲存至 models 資料夾中。在程式中，若要取得下載的模型，敘述如下：

```
model = 'models/hand_landmarker.task'
```

🤖 手部 21 個關鍵點

手部標記模型偵測了手部的 21 個關鍵點，說明如下：

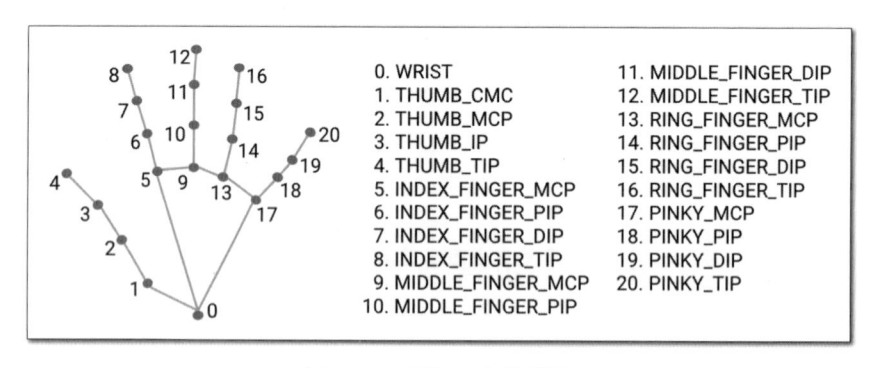

```
0. WRIST              11. MIDDLE_FINGER_DIP
1. THUMB_CMC          12. MIDDLE_FINGER_TIP
2. THUMB_MCP          13. RING_FINGER_MCP
3. THUMB_IP           14. RING_FINGER_PIP
4. THUMB_TIP          15. RING_FINGER_DIP
5. INDEX_FINGER_MCP   16. RING_FINGER_TIP
6. INDEX_FINGER_PIP   17. PINKY_MCP
7. INDEX_FINGER_DIP   18. PINKY_PIP
8. INDEX_FINGER_TIP   19. PINKY_DIP
9. MIDDLE_FINGER_MCP  20. PINKY_TIP
10. MIDDLE_FINGER_PIP
```

圖 11-3　手部 21 個關鍵點

🤖 配置參數

手部標記偵測任務可接受的配置參數，說明如下：

表 11-1　手部標記偵測任務可接受的配置參數

配置參數	說明
running_mode	執行模式，可為 IMAGE、VIDEO 或 LIVE_STREAM。預設值為 IMAGE。
num_hands	可偵測的最大手部數量；預設值為 1。
min_hand_detection_confidence	成功偵測手部的最低可信度分數；預設值為 0.5。

配置參數	說明
min_hand_presence_confidence	偵測時，手部存在的最低可信度分數；預設值為 0.5。
min_tracking_confidence	可成功追蹤手部的最低可信度分數；預設值為 0.5。
result_callback	在 LIVE_STREAM 模式時，可以設定 result 監聽器非同步接收標記結果。

建立任務

建立任務時，需以 HandLandmarkerOptions() 設定手部標記偵測任務的配置參數，並使用 HandLandmarker 類別建立手部標記任務。程式碼如下：

```
# 配置參數
base_options = mp.tasks.BaseOptions(model_asset_path=model)
options = mp.tasks.vision.HandLandmarkerOptions(
    base_options=base_options,
    running_mode=mp.tasks.vision.RunningMode.LIVE_STREAM,
    num_hands=1,
    result_callback=save_result)

# 建立任務
detector = mp.tasks.vision.HandLandmarker.create_from_options(options)
```

執行任務

建立任務後，我們可使用 detect_async() 方法非同步執行手部標記偵測任務。

```
detector.detect_async(mp_image, time.time_ns() // 1_000_000)
```

偵測結果

手部標記若有偵測到結果，每個手部會回傳 handeness 及 hand_landmarks 二個串列，說明如下：

❏ handeness：慣用手分類（左手/右手）串列。

❏ hand_landmarks：手部標記串列。

我們可使用 for 迴圈遍歷每個偵測到的手部，並顯示其慣用手及手部標記。要顯示第一個偵測到的慣用手，程式碼如下：

```
handedness_list = DETECTION_RESULT.handedness[0]
```

而要畫出第一個偵測到手部的標記，程式碼如下：

```
hand_landmarks_list = DETECTION_RESULT.hand_landmarks
hand_landmarks = hand_landmarks_list[0]

# Draw the hand landmarks.
hand_landmarks_proto = landmark_pb2.NormalizedLandmarkList()
hand_landmarks_proto.landmark.extend([landmark_pb2.NormalizedLandmark(
    x=landmark.x, y=landmark.y, z=landmark.z) for landmark in hand_landmarks])

solutions.drawing_utils.draw_landmarks(
    img2,
    hand_landmarks_proto,
    solutions.hands.HAND_CONNECTIONS,
    solutions.drawing_styles.get_default_hand_landmarks_style(),
    solutions.drawing_styles.get_default_hand_connections_style())
```

範例 11-2

讀取 Webcam 串流視訊，執行手部標記任務，顯示偵測到手部的慣用手及手部標記。

```
import sys
import time
import cv2
import mediapipe as mp
from mediapipe import solutions
```

```python
from mediapipe.framework.formats import landmark_pb2
import numpy as np

# 參數
COUNTER, FPS = 0, 0
START_TIME = time.time()
DETECTION_RESULT = None
def save_result(result: mp.tasks.vision.HandLandmarkerResult,
                unused_output_image: mp.Image,
                timestamp_ms: int):
    global FPS, COUNTER, START_TIME, DETECTION_RESULT

    # Calculate the FPS
    if COUNTER % 10 == 0:
        FPS = 10 / (time.time() - START_TIME)
        START_TIME = time.time()
    DETECTION_RESULT = result
    COUNTER += 1

# 模型
model = 'models/hand_landmarker.task'

# 配置參數
base_options = mp.tasks.BaseOptions(model_asset_path=model)
options = mp.tasks.vision.HandLandmarkerOptions(
    base_options=base_options,
    running_mode=mp.tasks.vision.RunningMode.LIVE_STREAM,
    num_hands=1,
    result_callback=save_result)

# 建立任務
detector = mp.tasks.vision.HandLandmarker.create_from_options(options)

# webcam
cap = cv2.VideoCapture(0)
cap.set(cv2.CAP_PROP_FRAME_WIDTH, 800)
```

```python
cap.set(cv2.CAP_PROP_FRAME_HEIGHT, 600)
while cap.isOpened():
    # 讀取影像
    success, image = cap.read()
    if not success:
        sys.exit('read webcam error.')

    # 轉為 mp image
    rgb_image = cv2.cvtColor(image, cv2.COLOR_BGR2RGB)
    mp_image = mp.Image(
        image_format=mp.ImageFormat.SRGB, data=rgb_image)

    # 執行手部標記偵測
    detector.detect_async(mp_image, time.time_ns() // 1_000_000)

    img2=np.copy(image)

    # 顯示 FPS
    fps_text=f"FPS={FPS:0.1f}"
    cv2.putText(img2, fps_text, (24, 50), cv2.FONT_HERSHEY_DUPLEX,
                1, (255,255,0), 1, cv2.LINE_AA)

    # 顯示偵測結果
    if DETFCTION_RESULT:
        hand_landmarks_list = DETECTION_RESULT.hand_landmarks
        handedness_list = DETECTION_RESULT.handedness

        # 遍歷每個偵測到的手部
        for idx in range(len(hand_landmarks_list)):
            hand_landmarks = hand_landmarks_list[idx]
            handedness = handedness_list[idx]

            # 畫手部標記
            hand_landmarks_proto = landmark_pb2.
                NormalizedLandmarkList()
            hand_landmarks_proto.landmark.extend([
```

```
                landmark_pb2.NormalizedLandmark(x=landmark.x,
                y=landmark.y, z=landmark.z)
                for landmark in hand_landmarks
            ])
            solutions.drawing_utils.draw_landmarks(
                img2,
                hand_landmarks_proto,
                solutions.hands.HAND_CONNECTIONS,
                solutions.drawing_styles.
                    get_default_hand_landmarks_style(),
                solutions.drawing_styles.
                    get_default_hand_connections_style())

            # 取得偵測到手部邊界框左上角
            height, width, _ = img2.shape
            x_coordinates = [landmark.x for landmark in hand_landmarks]
            y_coordinates = [landmark.y for landmark in hand_landmarks]
            text_x = int(min(x_coordinates) * width)
            text_y = int(min(y_coordinates) * height) - 10

            # 顯示慣用手文字
            cv2.putText(img2, f"{handedness[0].category_name}",
                (text_x, text_y), cv2.FONT_HERSHEY_DUPLEX,
                1, (0,255,255), 1, cv2.LINE_AA)

        # 顯示影像
        cv2.imshow('hand_landmark_detection', img2)
        if cv2.waitKey(1) == 27:
            break

detector.close()
cap.release()
cv2.destroyAllWindows()
```

　　輸入完成後，將其儲存為 mp_cam02.py。若要執行程式，可以開啟終端機，以下列指令執行程式：

```
$ python3 mp_cam02.py
```

執行後，會啟動 Webcam 進行手部標記偵測，並將偵測到的手部進行標記，顯示在視窗中，按下 Esc 鍵可退出程式。執行結果，如圖 11-4 所示。

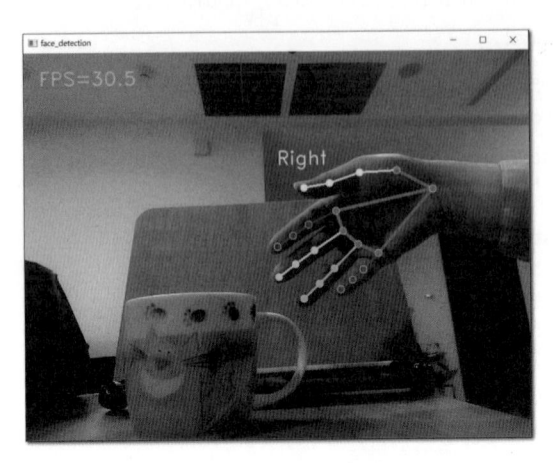

圖 11-4　Webcam 手部標記偵測

11.3 Webcam 手勢辨識

MediaPipe 的手勢辨識任務，可讓我們即時識別影像或視訊的手部手勢，以提供識別結果，如圖 11-5 所示。我們可使用此功能來識別使用者的特定手勢。

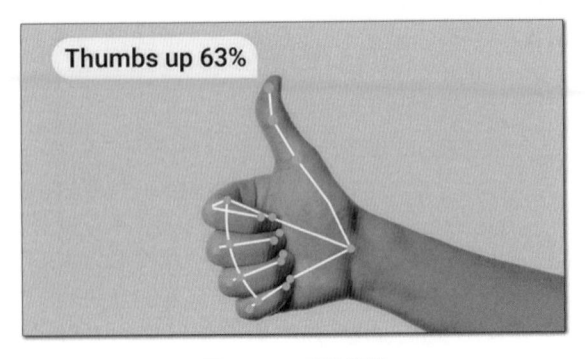

圖 11-5　手勢辨識

※ 資料來源：MediaPipe 官方網站

模型

MediaPipe 為手勢辨識提供了 HandGestueClassifier 模型，此模型包含二個模型：① 手部標記模型、②手勢分類模型。在本小節中，我們下載了 HandLGestureClassifier 模型，並將其儲存至 models 資料夾中。在程式中，若要取得下載的模型，敘述如下：

```
model = 'models/gesture_recognizer.task'
```

可識別手勢

手勢辨識模型可識別下列手勢：

- 0：Unknown（無法識別）。
- 1：Closed_First（握拳）。
- 2：Open_Palm（張開手掌）。
- 3：Pointing_Up（食指向上）。
- 4：Thumb_Down（拇指向下）。
- 5：Thumb_Up（拇指向上）。
- 6：Victory（勝利）。
- 7：LoveYou（愛）。

配置參數

手勢辨識任務可接受的配置參數，說明如下：

表 11-2　手勢辨識任務可接受的配置參數

配置參數	說明
running_mode	執行模式，可為 IMAGE、VIDEO 或 LIVE_STREAM；預設值為 IMAGE。
num_hands	可偵測的最大手部數量；預設值為 1。
min_hand_detection_confidence	成功偵測手部的最低可信度分數；預設值為 0.5。

配置參數	說明
min_hand_presence_confidence	偵測時,手部存在的最低可信度分數;預設值為 0.5。
min_tracking_confidence	可成功追蹤手部的最低可信度分數;預設值為 0.5。
canned_gestures_classifier_options	設定手勢分類器行為的預設選項。預設的手勢是 ["None", "Closed_Fist", "Open_Palm", "Pointing_Up", "Thumb_Down", "Thumb_Up", "Victory", "ILoveYou"]。
custom_gestures_classifier_options	設定自訂手勢分類器行為的選項。
result_callback	在 LIVE_STREAM 模式時,可以設定 result 監聽器非同步接收標記結果。

建立任務

我們可使用 GestureRecognizerOptions() 設定手勢辨識任務的配置參數,並使用 GestureRecognizer 類別建立手勢辨識任務。程式碼如下:

```
# 配置參數
options = mp.tasks.vision.GestureRecognizerOptions(
    base_options=mp.tasks.BaseOptions(model_asset_path=model),
    running_mode=mp.tasks.vision.RunningMode.LIVE_STREAM,
    result_callback=save_result)

# 建立物件偵測任務
detector = mp.tasks.vision.GestureRecognizer.create_from_options(options)
```

執行手勢辨識

建立任務後,若要非同步執行手勢辨識任務,可使用 recognize_async() 方法。敘述如下:

```
detector.recognize_async(mp_image, time.time_ns() // 1_000_000)
```

偵測結果

手勢辨識若有結果，每個手部會回傳 gestrues、handeness 及 hand_landmarks 三個串列，說明如下：

❏ gestures：手勢辨識結果。

❏ handeness：慣用手分類（左手 / 右手）串列。

❏ hand_landmarks：手部標記串列。

我們可使用 for 迴圈遍歷每個偵測到的手部，並顯示其手勢、慣用手及手部標記。顯示手勢的程式碼如下：

```
gestures_list=DETECTION_RESULT.gestures
if (len(gestures_list) > 0):
    gesture=gestures_list[0][0].category_name
else:
    gesture=""
```

而顯示慣用手及手部標記的程式碼，則與手部標記偵測的程式碼相同。

範例 11-3

讀取 Webcam 串流視訊，執行手勢辨識任務，顯示偵測到手部的手勢、慣用手及手部標記。

```
import sys
import time
import cv2
import mediapipe as mp
import numpy as np
from mediapipe import solutions
from mediapipe.framework.formats import landmark_pb2

# 參數
COUNTER, FPS = 0, 0
```

```python
START_TIME = time.time()
DETECTION_RESULT = None

def save_result(result: mp.tasks.vision.GestureRecognizerResult,
                unused_output_image: mp.Image,
                timestamp_ms: int):
    global FPS, COUNTER, START_TIME, DETECTION_RESULT

    # Calculate the FPS
    if COUNTER % 10 == 0:
        FPS = 10 / (time.time() - START_TIME)
        START_TIME = time.time()
    DETECTION_RESULT = result
    COUNTER += 1

# 模型
model = 'models/gesture_recognizer.task'

# 配置參數
options = mp.tasks.vision.GestureRecognizerOptions(
    base_options=mp.tasks.BaseOptions(model_asset_path=model),
    running_mode=mp.tasks.vision.RunningMode.LIVE_STREAM,
    result_callback=save_result)

# 建立物件偵測任務
detector = mp.tasks.vision.GestureRecognizer.create_from_options(options)

# webcam
cap = cv2.VideoCapture(0)
cap.set(cv2.CAP_PROP_FRAME_WIDTH, 800)
cap.set(cv2.CAP_PROP_FRAME_HEIGHT, 600)
while cap.isOpened():
    # 讀取影像
    success, image = cap.read()
    if not success:
        sys.exit('read webcam error.')
```

```python
# 轉為 mp image
rgb_image = cv2.cvtColor(image, cv2.COLOR_BGR2RGB)
mp_image = mp.Image(
    image_format=mp.ImageFormat.SRGB, data=rgb_image)

# 執行手勢偵測
detector.recognize_async(mp_image, time.time_ns() // 1_000_000)
img2=np.copy(image)

# 顯示 FPS
fps_text=f"FPS={FPS:0.1f}"
cv2.putText(img2, fps_text, (24, 50), cv2.FONT_HERSHEY_DUPLEX,
            1, (255,255,0), 1, cv2.LINE_AA)

# 顯示偵測結果
if DETECTION_RESULT:
    gestures_list=DETECTION_RESULT.gestures
    hand_landmarks_list = DETECTION_RESULT.hand_landmarks
    handedness_list = DETECTION_RESULT.handedness
    if (len(gestures_list) > 0):
        gesture=gestures_list[0][0].category_name
    else:
        gesture=""

    # 遍歷每個偵測到的手部
    for idx in range(len(hand_landmarks_list)):
        hand_landmarks = hand_landmarks_list[idx]
        handedness = handedness_list[idx]

        # 畫手部標記
        hand_landmarks_proto = landmark_pb2.NormalizedLandmarkList()
        hand_landmarks_proto.landmark.extend([
            landmark_pb2.NormalizedLandmark(x=landmark.x,
                y=landmark.y, z=landmark.z)
                for landmark in hand_landmarks
```

```
            ])
            solutions.drawing_utils.draw_landmarks(
                img2,
                hand_landmarks_proto,
                solutions.hands.HAND_CONNECTIONS,
                solutions.drawing_styles.
                    get_default_hand_landmarks_style(),
                solutions.drawing_styles.
                    get_default_hand_connections_style())

            # 取得偵測到手部邊界框左上角
            height, width, _ = img2.shape
            x_coordinates = [landmark.x for landmark in hand_landmarks]
            y_coordinates = [landmark.y for landmark in hand_landmarks]
            text_x = int(min(x_coordinates) * width)
            text_y = int(min(y_coordinates) * height) - 10

            # 顯示慣用手及手勢文字
            cv2.putText(img2, f"{handedness[0].category_name, gesture}",
                (text_x, text_y), cv2.FONT_HERSHEY_DUPLEX,
                1, (0,255,255), 1, cv2.LINE_AA)

        # 顯示影像
        cv2.imshow('face_detection', img2)
        if cv2.waitKey(1) == 27:
            break

detector.close()
cap.release()
cv2.destroyAllWindows()
```

輸入完成後,將其儲存為 mp_cam03.py。若要執行程式,可以開啟終端機,以下列指令執行程式:

```
$ python3  mp_cam03.py
```

執行後,會啓動 Webcam 進行手勢辨識,並將偵測到的手勢進行標記,顯示在視窗中,按下 Esc 鍵可退出程式。執行結果,如圖 11-6 所示。

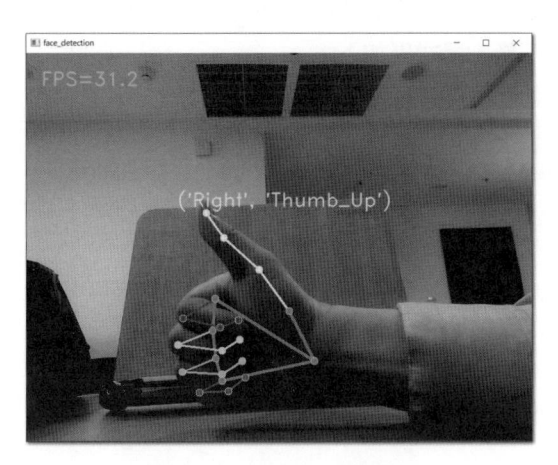

圖 11-6　Webcam 手勢辨識

11.4 Webcam 人臉偵測

MediaPipe 的人臉偵測任務,可讓我們偵測影像或視訊的人臉,並定位人臉及取得臉部的特徵。在本小節中,我們將探討如何建立及執行 Webcam 串流視訊的人臉偵測任務。

模型

與影像人臉偵測程式相同。在本小節中,我們下載了 BlazeFace (short-range) 模型,並在程式中建立 model 變數來指定模型路徑。

```
model = 'models/blaze_face_short_range.tflite'
```

🤖 建立任務

我們可使用 FaceDetetorOptions() 設定人臉偵測任務的配置參數，並使用 FaceDetector 類別建立人臉偵測任務。程式碼如下：

```
# 配置參數
base_options = mp.tasks.BaseOptions(model_asset_path=model)
options = mp.tasks.vision.FaceDetectorOptions(
    base_options=base_options,
    running_mode=mp.tasks.vision.RunningMode.LIVE_STREAM,
    min_detection_confidence=0.5,
    min_suppression_threshold=0.5,
    result_callback=save_result)

# 建立任務
detector = mp.tasks.vision.FaceDetector.create_from_options(options)
```

🤖 執行任務

建立任務後，可使用 detect_async() 方法，以非同步方式執行人臉偵測任務。

```
detector.detect_async(mp_image, time.time_ns() // 1_000_000)
```

🤖 偵測結果

與影像人臉偵測程式相同，若人臉偵測有結果，每個偵測到人臉會回傳 detections 串列，我們可使用 for 迴圈遍歷每個偵測到的人臉，畫出人臉的邊界框及偵測分數。

範例 11-4

讀取 Webcam 串流視訊，執行人臉偵測任務，畫出人臉的邊界框及偵測分數。

```
import sys
import time
import cv2
```

```python
import mediapipe as mp

# 參數
COUNTER, FPS = 0, 0
START_TIME = time.time()
DETECTION_RESULT = None

# save_result
def save_result(result: mp.tasks.vision.FaceDetectorResult,
                unused_output_image: mp.Image,
                timestamp_ms: int):
    global FPS, COUNTER, START_TIME, DETECTION_RESULT

    # Calculate the FPS
    if COUNTER % 10 == 0:
        FPS = 10 / (time.time() - START_TIME)
        START_TIME = time.time()
    DETECTION_RESULT = result
    COUNTER += 1

# 模型
model = 'models/blaze_face_short_range.tflite'

# 配置參數
base_options = mp.tasks.BaseOptions(model_asset_path=model)
options = mp.tasks.vision.FaceDetectorOptions(
    base_options=base_options,
    running_mode=mp.tasks.vision.RunningMode.LIVE_STREAM,
    min_detection_confidence=0.5,
    min_suppression_threshold=0.5,
    result_callback=save_result)

# 建立任務
detector = mp.tasks.vision.FaceDetector.create_from_options(options)

# webcam
```

```python
cap = cv2.VideoCapture(0)
cap.set(cv2.CAP_PROP_FRAME_WIDTH, 800)
cap.set(cv2.CAP_PROP_FRAME_HEIGHT, 600)
while cap.isOpened():
    # 讀取影像
    success, image = cap.read()
    if not success:
        sys.exit('read webcam error.')

    # 轉為 mp image
    rgb_image = cv2.cvtColor(image, cv2.COLOR_BGR2RGB)
    mp_image = mp.Image(
        image_format=mp.ImageFormat.SRGB, data=rgb_image)

    # 執行人臉偵測
    detector.detect_async(mp_image, time.time_ns() // 1_000_000)
    img2=image

    # 顯示 FPS
    fps_text=f"FPS={FPS:0.1f}"
    cv2.putText(img2, fps_text, (24, 50), cv2.FONT_HERSHEY_DUPLEX,
                1, (255,255,0), 1, cv2.LINE_AA)

    # 顯示偵測結果
    if DETECTION_RESULT:
        for detection in DETECTION_RESULT.detections:
            # 畫邊界框
            bbox = detection.bounding_box
            start_point = bbox.origin_x, bbox.origin_y
            end_point = bbox.origin_x + 
                bbox.width, bbox.origin_y + bbox.height
            cv2.rectangle(img2, start_point, end_point, (0, 165, 255), 3)

            # 顯示分數
            category = detection.categories[0]
            probability = round(category.score, 2)
```

```
            result_text = str(probability)
            text_location = (bbox.origin_x + 10, bbox.origin_y + 40)
            cv2.putText(img2, result_text, text_location,
                cv2.FONT_HERSHEY_DUPLEX,
                1, (0,255,255), 1, cv2.LINE_AA)

    # 顯示影像
    cv2.imshow('face_detection', img2)
    if cv2.waitKey(1) == 27:
        break

detector.close()
cap.release()
cv2.destroyAllWindows()
```

輸入完成後，將其儲存為 mp_cam04.py。若要執行程式，可以開啓終端機，以下列指令執行程式：

```
$ python3  mp_cam04.py
```

執行後，會啓動 Webcam 進行人臉偵測，並將偵測到的人臉進行標記，顯示在視窗中，按下 Esc 鍵可退出程式。

11.5 Webcam 姿勢標記偵測

MediaPipe 的姿勢標記偵測（Pose Landmark Detection）任務，可以讓我們偵測影像或視訊的人體姿勢標記。在本小節中，我們將探討如何建立及執行 Webcam 串流視訊的姿勢標記任務。

😊 模型

與影像姿勢標記偵測程式相同。在本小節中，我們下載了 Pose Landmarker(Full) 模型，將其存在 models 資料夾下。在程式中，我們可以建立 model 變數來指定模型路徑。

```
model = 'models/pose_landmarker_full.task'
```

😊 建立任務

我們可使用 PoseLandmarkerOptions() 設定姿勢標記任務的配置參數，並使用 PoseLandmarker 類別建立姿勢標記偵測任務。

```
# 配置參數
base_options = mp.tasks.BaseOptions(model_asset_path=model)
options = mp.tasks.vision.PoseLandmarkerOptions(
    base_options=base_options,
    running_mode=mp.tasks.vision.RunningMode.LIVE_STREAM,
    result_callback=save_result)

# 建立任務
detector = mp.tasks.vision.PoseLandmarker.create_from_options(options)
```

😊 執行任務

建立任務後，可使用 detect_async() 方法，以非同步方式執行姿勢標記偵測任務。

```
detector.detect_async(mp_image, time.time_ns() // 1_000_000)
```

😊 偵測結果

與影像姿勢標記偵測程式相同，若姿勢標記偵測有結果，每個姿勢會回傳 pose_landmarks 串列，我們可使用 for 迴圈遍歷每個偵測到的姿勢，取出 33 點姿勢標記座標，並畫出姿勢標記。

範例 11-5

讀取 Webcam 串流視訊，執行姿勢標記偵記，取出及印出 33 點姿勢標記座標，畫出姿勢標記。

```python
import sys
import time
import cv2
import mediapipe as mp
from mediapipe import solutions
from mediapipe.framework.formats import landmark_pb2
import numpy as np

# 參數
COUNTER, FPS = 0, 0
START_TIME = time.time()
DETECTION_RESULT = None


# save_result
def save_result(result: mp.tasks.vision.PoseLandmarkerResult,
                unused_output_image: mp.Image,
                timestamp_ms: int):
    global FPS, COUNTER, START_TIME, DETECTION_RESULT

    # Calculate the FPS
    if COUNTER % 10 == 0:
        FPS = 10 / (time.time() - START_TIME)
        START_TIME = time.time()
    DETECTION_RESULT = result
    COUNTER += 1


# 模型
model = 'models/pose_landmarker_full.task'

# 配置參數
base_options = mp.tasks.BaseOptions(model_asset_path=model)
```

```python
options = mp.tasks.vision.PoseLandmarkerOptions(
    base_options=base_options,
    running_mode=mp.tasks.vision.RunningMode.LIVE_STREAM,
    result_callback=save_result)

# 建立任務
detector = mp.tasks.vision.PoseLandmarker.create_from_options(options)

# webcam
cap = cv2.VideoCapture(0)
cap.set(cv2.CAP_PROP_FRAME_WIDTH, 800)
cap.set(cv2.CAP_PROP_FRAME_HEIGHT, 600)
while cap.isOpened():
    # 讀取影像
    success, image = cap.read()
    if not success:
        sys.exit('read webcam error.')

    # 轉為 mp image
    rgb_image = cv2.cvtColor(image, cv2.COLOR_BGR2RGB)
    mp_image = mp.Image(
        image_format=mp.ImageFormat.SRGB, data=rgb_image)

    # 執行姿勢標記偵測
    detector.detect_async(mp_image, time.time_ns() // 1_000_000)
    img2=np.copy(image)

    # 顯示 FPS
    fps_text=f"FPS={FPS:0.1f}"
    cv2.putText(img2, fps_text, (24, 50), cv2.FONT_HERSHEY_DUPLEX,
                1, (255,255,0), 1, cv2.LINE_AA)

    # 顯示偵測結果
    if DETECTION_RESULT:
        # 儲存偵測結果
        pose_landmarks_list = DETECTION_RESULT.pose_landmarks
```

```python
for idx in range(len(pose_landmarks_list)):
    # 依序取出每個人體姿勢
    pose_landmarks = pose_landmarks_list[idx]

    # 取出標記
    pose_landmarks_proto=
        landmark_pb2.NormalizedLandmarkList()
    extend_list=[]
    for id, landmark in enumerate(pose_landmarks):
        # 依序取出 33 點標記座標及存在分數
        x=landmark.x
        y=landmark.y
        z=landmark.z
        v=landmark.visibility

        # 印出 33 點標記座標
        print(f"[{idx}, {id}, {x:.2f}, {y:.2f}, {z:.2f}, {v:.2f}]")
        extend_list.append(
            landmark_pb2.NormalizedLandmark(x=x,y=y,z=z))

    # 畫姿勢標記
    pose_landmarks_proto.landmark.extend(extend_list)
    option=solutions.drawing_utils.DrawingSpec(
        color=(255,0,0),
        thickness=3)
    solutions.drawing_utils.draw_landmarks(
        img2,
        pose_landmarks_proto,
        solutions.pose.POSE_CONNECTIONS,
        # option
        solutions.drawing_styles.
        get_default_pose_landmarks_style(),
    )

# 顯示影像
cv2.imshow('face_detection', img2)
```

```
        if cv2.waitKey(1) == 27:
            break

detector.close()
cap.release()
cv2.destroyAllWindows()
```

輸入完成後，將其儲存為 mp_cam05.py。若要執行程式，可以開啓終端機，以下列指令執行程式：

```
$ python3   mp_cam05.py
```

執行後，會啓動 Webcam 進行人體姿勢偵測，並將偵測到的姿勢進行標記，顯示在視窗中，按下 Esc 鍵可退出程式。

12
Picamera2 串流視訊應用

- 12.1 本章提要
- 12.2 虛擬環境使用 Picamera2 套件
- 12.3 儲存相機影像
- 12.4 錄製 H.264 視訊
- 12.5 建立 MJPEG 伺服器
- 12.6 OpenCV 連接 Pi Camera
- 12.7 OpenCV 人臉偵測

12.1 本章提要

Picamera2 是 Raspberry Pi 基金會為 Raspberry Pi 相機模組設計的相機驅動程式。此驅動程式基於 libcamera 套件，提供了更高效和更靈活的 API 來支援 Pi 相機模組的應用。

Picamera2 主要特點如下：

❏ 基於 libcamera：Picamera2 使用了 libcamera 作為其底層，取代了舊有的相機堆疊。

❏ 易用的 Python API：提供了一個簡單易用的 Python API，讓開發者能夠快速上手。

❏ 支援多種 Raspberry Pi 操作系統：Picamera2 支援 Raspberry Pi OS Bullseye（或更新版本）的 32 位和 64 位版本。

❏ 多種預覽視窗：支援 QtGL、Qt、DRM/KMS 和 NULL 等不同類型的預覽視窗。

12.2 虛擬環境使用 Picamera2 套件

Raspberry Pi 的 Bookworm 作業系統已預先安裝了 Picamera2 套件。若要升級此套件，可以進行作業系統的升級或執行下列指令：

```
$ sudo apt install -y python3-picamera2
```

建立虛擬環境

由於 Picamera2 無法透過 PyPI 取得，所以在建立 Python 虛擬環境時，需要包含系統的 site 套件。建立虛擬環境的步驟如下：

STEP/ **01** 建立專案目錄 rpicamera2，進入專案目錄。

```
$ mkdir  rpicamera2
$ cd  rpicamera2
```

STEP/ **02** 建立虛擬目錄 venv，包含系統的 site 套件。

```
$ python3  -m  venv  --system-site-packages  venv
```

STEP/ **03** 啟動虛擬環境。

```
$ source  venv/bin/activate
```

STEP/ **04** 安裝 OpenCV 套件，方便我們進行影像處理。

```
$ pip  install  opencv-python
```

12.3 儲存相機影像

我們可使用 Picamera2 套件初始化和控制 Raspberry Pi 相機，進行即時預覽，擷取並儲存靜態影像。

STEP/ **01** 我們先初始化相機，建立 Picamera2 實例。

```
picam2 = Picamera2()
```

STEP/ **02** 設定相機的預覽視窗。

```
picam2.start_preview(Preview.QTGL)
```

說明

❏ **Preview.QTGL**：表示此預覽視窗使用 Qt GUI 工具及 GLES 硬體圖形加速器實現。當 Raspberry Pi 是 GUI 環境時，這是在螢幕上顯示影像的最有效方式。

STEP/ **03** 設定相機的預覽配置和靜態擷取配置。

```
preview_config = picam2.create_preview_configuration()
capture_config = picam2.create_still_configuration()
picam2.configure(preview_config)
```

說明

❏ **create_preview_configuration**：生成的設定，適合用來在螢幕上顯示相機預覽影像。

❏ **create_still_configuration**：生成的設定，適合用來擷取高解析度靜態影像。

STEP/ **04** 啟動相機並等待 2 秒，確保相機穩定並準備好進行擷取。

```
picam2.start()
time.sleep(2)
```

STEP/ **05** 將相機模式切換為靜態擷取模式，並擷取一張靜態影像，儲存為 test_full.jpg。

```
picam2.switch_mode_and_capture_file(capture_config, "test_full.jpg")
```

範例 12-1

開啟 Pi 相機模組及預覽視窗，並擷取影像，將其儲存為 JPEG 檔。

```python
import time
from picamera2 import Picamera2, Preview

# 初始化相機
picam2 = Picamera2()
picam2.start_preview(Preview.QTGL)
```

Chapter 12　Picamera2 串流視訊應用

```
# 設定配置
preview_config = picam2.create_preview_configuration()
capture_config = picam2.create_still_configuration()
picam2.configure(preview_config)

# 啟動相機
picam2.start()
time.sleep(2)

# 擷取及儲存影像
picam2.switch_mode_and_capture_file(capture_config, "test_full.jpg")
```

輸入完成後，將其儲存為 picam01.py。若要執行程式，可以開啟終端機，以下列指令執行程式：

```
$ python3  picam01.py
```

執行程式後，會開啟 Pi 相機並出現預覽視窗，2 秒後會擷取影像，將其儲存為 test_full.jpg。

12.4 錄製 H.264 視訊

我們可開啟 Pi 相機模組，使用 Picamera2 套件錄製 H.264 視訊，並將其儲存為 MP4 檔案。

STEP/ **01** 要達到此目的，我們需要設定配置：

```
video_config = picam2.create_video_configuration()
```

說明

❏ create_video_configuration：生成的設定，適合用來錄製視訊檔案。

STEP/ **02** 初始化一個 H.264 編碼器和一個 FFmpeg 輸出物件，如下範例所示：

```
encoder = H264Encoder(10000000)
output = FfmpegOutput('test.mp4')
```

說明

- H264Encoder(10000000)：建立一個 H.264 編碼器，設定位元速率為 10Mbps。
- FfmpegOutput('test.mp4')：建立一個 FFmpeg 輸出物件，指定輸出檔案為 test.mp4。

範例 12-2

擷取 Pi 相機影像，錄製一段 10 秒鐘的 H.264 視訊，儲存為 MP4 檔案。

```
#!/usr/bin/python3
import time
from picamera2 import Picamera2
from picamera2.encoders import H264Encoder
from picamera2.outputs import FfmpegOutput

# 初始化相機
picam2 = Picamera2()

# 設定配置
video_config = picam2.create_video_configuration()
picam2.configure(video_config)

# 初始化 H.264 編碼器及 Ffmpeg 輸出物件
encoder = H264Encoder(10000000)
output = FfmpegOutput('test.mp4')

# 錄製視訊 10 秒
picam2.start_recording(encoder, output)
time.sleep(10)
picam2.stop_recording()
```

輸入完成後，將其儲存為 picam02.py。若要執行程式，可以開啟終端機，以下列指令執行程式：

```
$ python3  picam02.py
```

執行程式後，會啟動 Pi 相機，以 H.264 格式錄製視訊 10 秒，並儲存為 test.mp4。若要播放此視訊，指令如下：

```
$ vlc  test.mp4
```

12.5 建立 MJPEG 伺服器

MJPEG（Motion JPEG）是一種數位視訊壓縮格式，其中每一影格的視訊都作為獨立的 JPEG 影像進行壓縮和儲存。這種方法的主要特點是簡單、高效，且不需要過多的計算資源來解碼和播放。

在本小節中，我們將使用 Picamera2 套件建立一個簡單的 MJPEG 伺服器，將 Raspberry Pi 相機擷取的影像串流到網頁上。伺服器接收到影像請求後，持續讀取相機的影格，並將其轉換為 JPEG 格式傳送給客戶端，以讓我們可以在瀏覽器中即時觀看來自 Pi 相機的影像串流。

建立 MJPEG 伺服器的程式有 6 個程式模組：① 建立 HTML 頁面、② 建立 StreamingOutput 類別、③ 建立 StreamingHandler 類別、④ 建立 StreamingServer 類別、⑤ 設定及啟動相機、⑥ 啟動 MJPEG 伺服器，說明如下：

🤖 HTML 頁面

定義 HTML 頁面，用來顯示影像串流。影像串流的寬為 640 像素、高為 480 像素。

```
PAGE = """\
<html>
```

```
<head>
<title>picamera2 MJPEG streaming demo</title>
</head>
<body>
<h1>Picamera2 MJPEG Streaming Demo</h1>
<img src="stream.mjpg" width="640" height="480" />
</body>
</html>
"""
```

說明

- `<img src="stream.mjpg" width="640" height="480" />`：顯示 stream.mjpg 影像，影像串流的寬為 640 像素，高為 480 像素。

StreamingOutput 類別

定義 StreamingOutput 類別，用來儲存 Pi 相機目前影格，並通知其他執行緒有新影格可用。

```
from threading import Condition

class StreamingOutput(io.BufferedIOBase):
    def __init__(self):
        self.frame = None
        self.condition = Condition()

    def write(self, buf):
        with self.condition:
            self.frame = buf
            self.condition.notify_all()
```

我們使用 threading.Condition() 來協調多個執行緒之間的通訊及協作，並使用 notify_all() 方法，喚醒所有等待的執行緒。

🤖 StreamingHandler 類別

定義 StreamingHandler 類別,用來處理 HTTP 請求,包含主頁的請求及影像串流的請求。

```python
class StreamingHandler(server.BaseHTTPRequestHandler):
    def do_GET(self):
        if self.path == '/':
            self.send_response(301)
            self.send_header('Location', '/index.html')
            self.end_headers()
        elif self.path == '/index.html':
            content = PAGE.encode('utf-8')
            self.send_response(200)
            self.send_header('Content-Type', 'text/html')
            self.send_header('Content-Length', len(content))
            self.end_headers()
            self.wfile.write(content)
        elif self.path == '/stream.mjpg':
            self.send_response(200)
            self.send_header('Age', 0)
            self.send_header('Cache-Control', 'no-cache, private')
            self.send_header('Pragma', 'no-cache')
            self.send_header('Content-Type',
                'multipart/x-mixed-replace; boundary=FRAME')
            self.end_headers()
            try:
                while True:
                    with output.condition:
                        output.condition.wait()
                        frame = output.frame
                    self.wfile.write(b'--FRAME\r\n')
                    self.send_header('Content-Type', 'image/jpeg')
                    self.send_header('Content-Length', len(frame))
                    self.end_headers()
                    self.wfile.write(frame)
```

```
                    self.wfile.write(b'\r\n')
            except Exception as e:
                logging.warning(
                    'Removed streaming client %s: %s',
                    self.client_address, str(e))
        else:
            self.send_error(404)
            self.end_headers()
```

我們注意到當請求為 '/stream.mjpg' 時，會使用條件變數 output.condition 來等待新的影格。若有取得新的影格，則將其存入 frame 變數中，並使用 HTTP 協定的 multipart/x-mixed-replace 格式發送 frame 影格。

🤖 StreamingServer 類別

建立 StreamingServer 類別，此類別可用來建立多執行緒 HTTP 伺服器。

```
class StreamingServer(socketserver.ThreadingMixIn, server.HTTPServer):
    allow_reuse_address = True
    daemon_threads = True
```

說明

❏ StreamingServer 類別同時繼承了 socketsever.ThreadingMixln 及 server.HTTPServer 類別。

❏ socketserver.ThreadingMixIn：此類別允許伺服器在每個請求到達時，建立一個新的執行緒來處理該請求，讓伺服器可同時處理多個客戶端請求。

❏ server.HTTPServer：此類別提供了一個基本的 HTTP 伺服器，能夠處理 HTTP 請求。

❏ allow_reuse_address = True：此敘述允許伺服器在處於 TIME_WAIT 狀態時，立即重用位址，以讓伺服器重新啟動時避免位址已被占用的錯誤。

❏ daemon_threads = True：此敘述讓伺服器中的所有執行緒在主程序退出時自動終止。

設定及啟動相機

初始化 Picamera2，設定影像大小，建立 StreamingOutput 物件，並開始錄影。

```
picam2 = Picamera2()
picam2.configure(picam2.create_video_configuration(main={"size": (640, 480)}))
output = StreamingOutput()
picam2.start_recording(JpegEncoder(), FileOutput(output))
```

說明

❏ JpegEncoder()：此編碼器實現多執行緒 JPEG 編碼器，可作為 MJPEG 編碼器。
❏ FileOutput(output)：以 output 參數建立檔案輸出物件。

啟動伺服器

建立並啟動 HTTP 伺服器，設定通訊埠為 8000，並在按下 Ctrl + C 鍵後停止錄影。

```
try:
    address = ('', 8000)
    server = StreamingServer(address, StreamingHandler)
    server.serve_forever()
finally:
    picam2.stop_recording()
```

範例 12-3

建立簡易 MJPEG 伺服器。

```
import io
import logging
import socketserver
from http import server
from threading import Condition

from picamera2 import Picamera2
```

```python
from picamera2.encoders import JpegEncoder
from picamera2.outputs import FileOutput

PAGE = """\
<html>
<head>
<title>picamera2 MJPEG streaming server</title>
</head>
<body>
<h1>Picamera2 MJPEG Streaming server</h1>
<img src="stream.mjpg" width="640" height="480" />
</body>
</html>
"""


class StreamingOutput(io.BufferedIOBase):
    def __init__(self):
        self.frame = None
        self.condition = Condition()

    def write(self, buf):
        with self.condition:
            self.frame = buf
            self.condition.notify_all()


class StreamingHandler(server.BaseHTTPRequestHandler):
    def do_GET(self):
        if self.path == '/':
            self.send_response(301)
            self.send_header('Location', '/index.html')
            self.end_headers()
        elif self.path == '/index.html':
            content = PAGE.encode('utf-8')
            self.send_response(200)
```

```python
                self.send_header('Content-Type', 'text/html')
                self.send_header('Content-Length', len(content))
                self.end_headers()
                self.wfile.write(content)
        elif self.path == '/stream.mjpg':
            self.send_response(200)
            self.send_header('Age', 0)
            self.send_header('Cache-Control', 'no-cache, private')
            self.send_header('Pragma', 'no-cache')
            self.send_header('Content-Type',
                'multipart/x-mixed-replace; boundary=FRAME')
            self.end_headers()
            try:
                while True:
                    with output.condition:
                        output.condition.wait()    # 等待新的影格
                        frame = output.frame       # 取得新的影格

                    # 發送影格
                    self.wfile.write(b'--FRAME\r\n')
                    self.send_header('Content-Type', 'image/jpeg')
                    self.send_header('Content-Length', len(frame))
                    self.end_headers()
                    self.wfile.write(frame)
                    self.wfile.write(b'\r\n')
            except Exception as e:
                logging.warning(
                    'Removed streaming client %s: %s',
                    self.client_address, str(e))
        else:
            self.send_error(404)
            self.end_headers()


class StreamingServer(socketserver.ThreadingMixIn, server.HTTPServer):
    allow_reuse_address = True
```

```
    daemon_threads = True


picam2 = Picamera2()
picam2.configure(picam2.create_video_configuration(main={"size": (640, 480)}))
output = StreamingOutput()
picam2.start_recording(JpegEncoder(), FileOutput(output))

try:
    address = ('', 8000)
    server = StreamingServer(address, StreamingHandler)
    server.serve_forever()
finally:
    picam2.stop_recording()
```

輸入完成後，將其儲存為 picam03.py。若要執行程式，可以開啟終端機，以下列指令執行程式：

```
$ python3  picam03.py
```

執行後，可以開啟瀏覽器，並輸入下列網址：(URL) http://192.168.1.119:8000。執行畫面，如圖 12-1 所示。

圖 12-1　MJPEG 串流影像

12.6 OpenCV 連接 Pi Camera

使用 Picamera2 套件,可以讓 OpenCV 顯示 Raspberry Pi 相機的即時影像預覽。

STEP/ **01** 使用時,我們先初始化 Picamera2。

```
picam2 = Picamera2()
```

STEP/ **02** 設定相機的預覽視窗配置。

```
picam2.preview_configuration.main.size = (800, 600)
picam2.preview_configuration.main.format = "RGB888"
picam2.preview_configuration.align()
picam2.configure("preview")
```

我們將預覽視窗大小設為 800×600 像素,格式為 RGB888,並使用 align() 方法,確保設定的視窗大小是正確的。

STEP/ **03** 完成設定後,我們可以下列敘述啟動相機。

```
picam2.start()
```

STEP/ **04** 若要擷取及顯示影像,程式範例如下:

```
while True:
    im = picam2.capture_array()
    cv2.imshow("Camera", im)
    if cv2.waitKey(1) == ord('q'):
        break

cv2.destroyAllWindows()
```

我們使用 picam2.capture_array() 擷取目前影像，並以 NumPy 陣列的形式回傳。我們使用 OpenCV 的 imshow() 顯示擷取的影像，若我們按下 Q 鍵後，可退出迴圈並結束程式。

範例 12-4

使用 Picamera2 套件，讓 OpenCV 可以啟動 Pi 相機，並顯示 Pi 相機影像。

```python
import cv2
from picamera2 import Picamera2

# 初始化相機
picam2 = Picamera2()

# 設定預覽配置
picam2.preview_configuration.main.size = (800,600)
picam2.preview_configuration.main.format = "RGB888"
picam2.preview_configuration.align()
picam2.configure("preview")

# 啟動相機
picam2.start()

while True:
    # 擷取 Pi 相機影像
    im= picam2.capture_array()

    # 顯示影像
    cv2.imshow("Camera", im)

    # 按 q 鍵離開
    if cv2.waitKey(1)==ord('q'):
        break

cv2.destroyAllWindows()
```

輸入完成後，將其儲存為 picam04.py。若要執行程式，可以開啓終端機，以下列指令執行程式：

```
$ python3 picam04.py
```

執行後，會啓動 Pi 相機並顯示影像視窗，按下 Q 鍵可退出程式。執行結果，如圖 12-2 所示。

圖 12-2 OpenCV 顯示 Pi 相機影像

12.7 OpenCV 人臉偵測

我們可使用 Picamera2 和 OpenCV，在 Raspberry Pi 上進行人臉偵測，並將偵測到的人臉在視窗中顯示出來。

Haar Cascades 檔案

OpenCV 提供了多個預訓練的 Haar Cascades 檔案，可用於檢測臉部、眼睛等。

STEP/ 01 我們可使用 OpenCV 的 data.haarcascades，取得 Haar Cascades 檔案的路徑，再以此路徑來取得 haarcascade_frontalface_default.xml 檔案，以建立人臉偵測器。

```
data_path = cv2.data.haarcascades
face_detector = cv2.CascadeClassifier(data_path + "haarcascade_frontalface_default.xml")
```

STEP/ 02 我們建立一個獨立的視窗執行緒，以顯示 OpenCV 視窗。

```
cv2.startWindowThread()
```

STEP/ 03 初始化 Pi 相機，設定相機的預覽配置，將預覽視窗大小設為 640×800 像素，格式為 XRGB8888，並啟動相機。

```
picam2 = Picamera2()
picam2.configure(picam2.create_preview_configuration(main={"format": 'XRGB8888', "size": (640, 480)}))
picam2.start()
```

STEP/ 04 進入無限迴圈，不斷擷取 Pi 相機影像、進行人臉偵測，並顯示結果。程式範例如下：

```
while True:
    im = picam2.capture_array()

    # 影像轉為灰階
    grey = cv2.cvtColor(im, cv2.COLOR_BGR2GRAY)

    # 執行人臉偵測
    faces = face_detector.detectMultiScale(grey, 1.1, 5)

    # 繪製偵測到的每個人臉矩形框
    for (x, y, w, h) in faces:
        cv2.rectangle(im, (x, y), (x + w, y + h), (0, 255, 0))
```

```
cv2.imshow("Camera", im)
```

我們將影像轉為灰階影像，並使用 face_detector.detectMultiScale(grey, 1.1, 5) 方法，以人臉偵測器檢測灰度影像中的人臉，回傳所有偵測到的人臉的矩形框座標，並使用 for 迴圈，在原始影像上將偵測到的每個人臉繪製矩形框。

範例 12-5

使用 Picamera2 套件來擷取 Raspberry Pi 相機的影像，並使用 OpenCV 的 Haar Cascades 進行人臉偵測。

```
#!/usr/bin/python3
import cv2
from picamera2 import Picamera2

# Haar Cascades 檔案路徑
data_path = cv2.data.haarcascades

# 建立人臉偵測器
face_detector = cv2.CascadeClassifier(data_path + "haarcascade_frontalface_default.xml")

# 建立獨立的視窗執行緒
cv2.startWindowThread()

# 初始化相機
picam2 = Picamera2()

# 設定預覽配置
picam2.configure(picam2.create_preview_configuration(main={"format": 'XRGB8888', "size": (640, 480)}))
```

```python
# 啟動相機
picam2.start()

while True:
    # 取得 Pi 相機影像
    im = picam2.capture_array()

    # 轉為灰階
    grey = cv2.cvtColor(im, cv2.COLOR_BGR2GRAY)

    # 執行人臉偵測
    faces = face_detector.detectMultiScale(grey, 1.1, 5)

    # 繪出偵測到的每個人臉矩形框
    for (x, y, w, h) in faces:
        cv2.rectangle(im, (x, y), (x + w, y + h), (0, 255, 0))

    # 顯示影像
    cv2.imshow("Camera", im)

    # 按 q 鍵離開
    if cv2.waitKey(1) & 0xFF == ord('q'):
        break

cv2.destroyAllWindows()
```

輸入完成後，將其儲存為 picam05.py。若要執行程式，可以開啟終端機，以下列指令執行程式：

```
$ python3  picam05.py
```

執行後，會啟動 Pi 相機進行人臉偵測，並將偵測到的人臉進行標記，顯示在視窗中，按下 Q 鍵可退出程式。

13

Streamlit基礎

- 13.1 本章提要
- 13.2 安裝 Streamlit
- 13.3 Streamlit 文字元素
- 13.4 Streamlit 多媒體元素
- 13.5 Streamlit 互動元件
- 13.6 Streamlit 佈局元件
- 13.7 使用 Session State
- 13.8 建立多頁面應用程式

13.1 本章提要

Streamlit 是一個開源的 Python 框架，專為資料科學家和開發者設計，用於快速建立互動式資料應用。Streamlit 的核心原理是透過簡單的 Python 腳本，開發者可以直接建立互動式的 Web 應用程式，無須處理頁面佈局、狀態管理和 Web 伺服器的設定。

Streamlit 特點

- 簡單易用：只需幾行 Python 程式碼，即可建立應用程式，不需前端網頁開發經驗。
- 即時更新：在儲存檔案後，應用程式會自動更新，方便我們進行迭代開發。
- 豐富的組件：內建多種元件和小工具，可以輕鬆生成各類資料視覺化圖表。
- 部署方便：可以輕鬆將應用程式部署到雲端，與他人分享。

13.2 安裝 Streamlit

在 Raspberry Pi 中，我們可以先建立虛擬環境，再安裝 Streamlit 套件。

建立虛擬環境

STEP/ **01** 我們先更新套件。

```
$ sudo apt update
$ sudo apt upgrade -y
```

STEP/ **02** 我們建立 venv_streamlit 目錄，並在此目錄下建立虛擬環境。

```
$ mkidr  venv_streamlit
$ cd  venv_streamlit
$ python3  -m  venv  --system-site-packages  venv
```

STEP/ **03** 建立虛擬環境後,我們可以啟動虛擬環境。

```
$ source  venv/bin/activate
```

安裝套件

STEP/ **01** 要安裝 Streamlit 套件,指令如下:

```
$ pip  install  streamlit
```

STEP/ **02** 為方便我們撰寫程式,我們可以安裝 VS Code 編輯器。若還未安裝此套件,安裝指令如下:

```
$ sudo  apt  install  code
```

範例 13-1

撰寫一個簡易的 Streamlit 應用程式,以測試 Streamlit 是否安裝成功。請開啓 VS Code,輸入下列程式碼,並儲存為 stm01.py。

```
import streamlit as st

st.title('Hello, Streamlit!')
st.write('This is your first Streamlit app.')
```

若要執行 Streamlit 應用程式,指令如下:

```
$ streamlit  run  stm01.py
```

執行後,會開啓瀏覽器,網址為:🔗 http://localhost:8051,畫面如圖 13-1 所示。

圖 13-1　第一個 Streamlit 應用程式

13.3 Streamlit 文字元素

　　Streamlit 提供各種文字元素，讓我們可在應用程式中增加標題、段落和 Markdown，這些元素有助於組織我們的內容，使得網頁應用程式更具可讀性和視覺吸引力。

🤖 st.title 元素

st.title 元素可用來建立網頁的標題。使用範例如下：

```
st.title('Hello, Streamlit')
```

🤖 st.header 元素

st.header 元素可用來建立文字標題，大小比 st.title() 小一點。使用範例如下：

```
st.header('This is a header')
```

🤖 st.subheader 元素

st.subheader 元素可用來建立文字子標題。使用範例如下：

```
st.subheader('This is a subheader')
```

st.text 元素

st.text 元素可用來建立純文字。使用範例如下：

```
st.text('This is a simple text')
```

st.write 函式

st.write 函式用途廣泛，可以顯示多種內容類型，包括文字、資料和圖表。對於文字，除了純文字之外，還可以渲染 Markdown 和 LaTeX。st.write 函式的使用範例如下：

```
st.write('This is your first Streamlit app.')
```

st.markdown 函式

Markdown 是一種輕量級標記語言，可用來格式化文字。例如，「#」表示標題，「*」表示斜體，「**」表示粗體。

Streamlit 的 st.markdown 函式，可讓我們使用 Markdown 語言來格式化文字。例如，若我們要在網頁中顯示超連結，敘述如下：

```
st.markdown("[Streamlit](https://www.streamlit.io)")
```

HTML

若我們要在 Streamlit 中渲染 HTML 內容，可使用 st.markdown() 函式傳入 HTML 語法，並將 unsafe_allow_html 參數設為 True。使用範例如下：

```
html_page="""
<div style="background-color:blue;padding:20px; color:white; font-size: 20px">
Hello Streamlit!
```

```
</div>
<p></p>
"""
st.markdown(html_page, unsafe_allow_html=True)
```

🤖 彩色文字

我們可以使用漂亮的文字框，以不同的顏色來表示警告、錯誤等訊息。使用範例如下：

```
st.success("Success!")
st.info("Information.")
st.warning("This is a warning!")
st.error("This is an error!")
```

範例 13-2

練習 Streamlit 文字元素。

```
import streamlit as st

st.title('Hello, Streamlit')
st.header('This is a header')
st.subheader('This is a subheader')
st.text('This is a simple text')
st.write('This is your first Streamlit app.')

# 超連結
st.markdown("[Streamlit](https://www.streamlit.io)")

# HTML
html_page="""
<div style="background-color:blue;padding:20px; color:white; font-size: 20px">
Hello Streamlit!
</div>
```

```
<p></p>
"""
st.markdown(html_page, unsafe_allow_html=True)

# 彩色文字
st.success("Success!")
st.info("Information.")
st.warning("This is a warning!")
st.error("This is an error!")
```

輸入完成後，將其儲存為 stm02.py。若要執行程式，可以開啟終端機，以下列指令執行程式：

```
$ streamlit run stm02.py
```

執行結果，如圖 13-2 所示：

圖 13-2　Steamlit 文字元素

13.4 Streamlit 多媒體元素

Streamlit 為影像、音訊和視訊等媒體元素提供強大的支援，這些元素可以增強 Web 應用程式的互動性和視覺吸引力。

🤖 st.image 元素

st.image 元素可用來顯示影像，支援各種影像格式（如 PNG、JPEG 及 GIF）。使用範例如下：

```python
from PIL import Image
import streamlit as st

# 開啟影像檔案
img=Image.open("media/girl.jpg")

# 顯示影像
st.image(img, caption="Girl")
```

🤖 st.video 元素

st.video 元素可用來播放視訊，支援各種視訊格式（如 MP4）。使用範例如下：

```python
# 開啟及讀取視訊檔
video_file=open("media/video.mp4", "rb")
video_bytes=video_file.read()

# 播放視訊
st.video(video_bytes)
```

🤖 st.audio 元素

st.audio 元素可用來播放音訊，支援各種音訊格式（如 MP3 及 WAV）。使用範例如下：

```
# 開啟及讀取音訊檔
audio_file=open("media/audio.mp3","rb")
audio_bytes=audio_file.read()

# 播放音訊
st.audio(audio_bytes)
```

🤖 st.file_uploader 元素

st.file_uploader 元素是一個非常方便的工具，可讓我們在應用程式中增加檔案上傳功能。使用範例如下：

```
# 影像檔案上傳，類型為 png、jpg、jpeg
upload_image = st.file_uploader("Upload an image", type=["png","jpg","jpeg"])
if upload_image is not None:
    # 顯示影像
    st.image(upload_image, caption="Uploaded image")
```

範例 13-3

練習 Streamlit 多媒體元素。

```
import streamlit as st
from PIL import Image

st.title("Media Gallery")

# 加入影像檔案上傳
upload_image = st.file_uploader("Upload an image", type=["png","jpg","jpeg"])
```

```
if upload_image is not None:
    img = Image.open(upload_image)
    # 變更影像大小
    img = img.resize((320, 210))
    st.image(img, caption="Uploaded image")

# 加入視訊檔案上傳
upload_video = st.file_uploader("Upload a video file", type=["mp4"])
if upload_video is not None:
    st.video(upload_video)

# 加入音訊檔案上傳
upload_audio = st.file_uploader("Upload a audio file", type=["mp3", "wav"])
if upload_audio is not None:
    st.audio(upload_audio)
```

輸入完成後，將其儲存為 stm03.py。若要執行程式，可以開啟終端機，以下列指令執行程式：

```
$ streamlit run stm03.py
```

執行後，可在網頁上加入影像上傳、視訊上傳及音訊上傳功能。上傳檔案後，可顯示或播放這些多媒體檔案，執行結果如圖 13-3 所示。

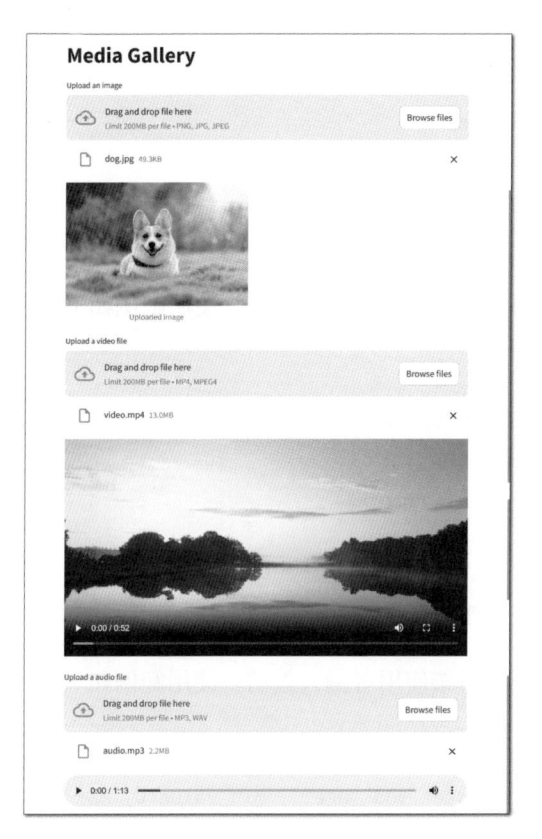

圖 13-3　Streamlit 多媒體元素

13.5 Streamlit 互動元件

使用 Streamlit 的互動元件，可讓我們的應用程式與使用者進行互動，並提供動態的即時回饋。

🤖 st.text_input 元件

st.text_input 元件可讓使用者輸入單行文字。使用範例如下：

```python
# 輸入單行文字
name=st.text_input("Enter you name:")
st.write(f"Hello, {name}")
```

🤖 st.text_area 元件

st.text_area 元件可讓使用者輸入多行文字。使用範例如下：

```python
# 輸入多行文字
message=st.text_area("Enter your message:")
st.write("Your message:")
st.write(message)
```

🤖 st.number_input 元件

st.number_input 元件可讓使用者輸入數值。使用範例如下：

```python
# 輸入數值，最小值為 0，最大值為 120
age=st.number_input("Enter your age:", min_value=0, max_value=120)
st.write(f"Your age is {age}")
```

🤖 st.button 元件

st.button 元件可加入按鈕，當使用者點擊按鈕時，可觸發特定的操作。使用範例如下：

```python
# 加入 Click Me 按鈕
if st.button('Click Me'):
    st.write("Button clicked!")
```

🤖 st.radio 元件

st.radio 元件可用來顯示單選按鈕，允許使用者從一組選項中選擇一個，並回傳所選的值。基本用法如下：

```python
# 加入單選按鈕，選項為 Male、Female、Other
gender = st.radio("Select your gender:", ["Male", "Female", "Other"])
st.write(f"You selected {gender}")
```

st.radio 元件預設是垂直排列，若要改為水平排列，可將 horizontal 屬性設為 True。程式如下：

```python
gender = st.radio("Select your gender:", ["Male", "Female", "Other"],
    horizontal=True)
st.write(f"You selected {gender}")
```

🤖 st.checkbox 元件

st.checkbox 元件可用來顯示複選框，允許使用者進行二元選擇（選中或未選中）。checkbox 元件可用來控制應用程式的流程、切換某些元素的可見性或作為條件邏輯的輸入。程式範例如下：

```python
# 加入複選框
agree= st.checkbox("I agree to the terms and conditions")
if agree:
    st.wirte("Thank you for agreeing!")
```

🤖 st.selectbox 元件

st.selectbox 元件允許使用者從下拉式選單中選取一個選項。使用範例如下：

```python
# 加入下拉式選單，選項為 Apple, Banana, Cherry
fruit = st.selectbox("Your favorite fruit:", ["Apple", "Banana", "Cherry"])
st.write(f"You selected {fruit}")
```

🤖 st.multiselect 元件

st.multiselect 元件允許使用者從下拉式選單中選取多個選項。使用範例如下：

```
# 加入可複選的下拉式選單,選項為 Red, Green, Blue
options = st.multiselect("Your favorite colors:", ["Red", "Green", "Blue"])
st.write(f"You selected {options}")
```

🤖 st.slider 元件

st.slider 元件可用來顯示滑桿,讓使用者選擇一個值範圍。使用範例如下:

```
# 加入滑桿,範圍為 0 - 100,預設值為 50
value = st.slider("Select a value:", 0, 100, 50)
st.write(f"Selected value: {value}")
```

若要顯示一個值範圍的滑桿,來讓使用者可自行調整範圍值,程式範例如下:

```
# 加入滑桿,範圍為 0 - 100,預設值為 20 - 80
range_value = st.slider("Select a range of value:", 0, 100, (20, 80))
st.write(f"Selected range: {range_value}")
```

🤖 st.date_input 元件

st.date_input 元件可讓使用者選擇日期。使用範例如下:

```
import datetime

# 加入日期選擇器,預設值為目前的系統日期
date = st.date_input("Select a date:", datetime.datetime.now())
st.write(f"Selected data: {date}")
```

🤖 st.time_input 元件

st.time_input 元件可讓使用者選擇時間。使用範例如下:

```
# 加入時間選擇器,預設值為 12:30
time = st.time_input("Select a time:", datetime.time(12,30))
st.write(f"Selected time: {time}")
```

🤖 st.progress 元件

st.progress 元件可用來顯示進度條，適用於需要向使用者展示長時間執行的任務進度。使用範例如下：

```
from time import sleep

# 加入進度條，初值為 0
progress_bar=st.progress(0)
for value in range(101):
    # 變更進度條的值
    progress_bar.progress(value)
    sleep(0.1)
st.write("Done")
```

🤖 st.spinner 元件

st.spinner 元件可顯示一個旋轉的載入指示器，讓使用者知道某些操作正在進行中。使用範例如下：

```
# 加入旋轉指示器
with st.spinner(" 等待中..."):
    sleep(10)
st.success('Done')
```

範例 13-4

練習 Streamlit 互動元件。

```
import streamlit as st
import datetime
from time import sleep

st.title(" 互動元件 ")
```

```python
# 加入單行文字輸入框
st.subheader("text input")
name=st.text_input("Enter you name:")
st.write(f"Hello, {name}")

# 加入多行文字輸入框
message=st.text_area("Enter your message:")
st.write("Your message:")
st.write(message)

# 加入數值輸入框
st.subheader("number input")
age=st.number_input("Enter your age:", min_value=0, max_value=120)
st.write(f"Your age is {age}")

# 加入按鈕
st.subheader("Button")
if st.button('Click Me'):
    st.write("Button clicked!")

# 加入單選鈕
st.subheader("Radio and checkbox")
gender = st.radio("Select your gender:", ["Male", "Female", "Other"],
    horizontal=True)
st.write(f"You selected {gender}")

# 加入複選框
agree= st.checkbox("I agree to the terms and conditions")
if agree:
    st.write("Thank you for agreeing!")

# 加入下拉式選單
st.subheader("select box")
fruit = st.selectbox("Your favorite fruit:", ["Apple", "Banana", "Cherry"])
st.write(f"You selected {fruit}")
```

```python
# 加入可複選的下拉式選單
options = st.multiselect("Your favorite colors:", ["Red", "Green", "Blue"])
st.write(f"You selected {options}")

# 加入滑桿
st.subheader("slider")
value = st.slider("Select a value:", 0, 100, 50)
st.write(f"Selected value: {value}")

# 加入值範圍滑桿
range_value = st.slider("Select a range of value:", 0, 100, (20, 80))
st.write(f"Selected range: {range_value}")

# 加入日期選擇器
st.subheader("date and time")
date = st.date_input("Select a date:", datetime.datetime.now())
st.write(f"Selected data: {date}")

# 加入時間選擇器
time = st.time_input("Select a time:", datetime.time(12,30))
st.write(f"Selected time: {time}")

# 加入進度條
st.subheader("progress and spinner")
progress_bar=st.progress(0)
for value in range(101):
    progress_bar.progress(value)
    sleep(0.1)
st.write("Done")

# 加入旋轉指示器
with st.spinner(" 等待中 ..."):
    sleep(10)
st.success('Done')
```

輸入完成後，將其儲存為 stm04.py。若要執行程式，可以開啟終端機，以下列指令執行程式：

```
$ streamlit run stm04.py
```

執行結果，如圖 13-4 所示。

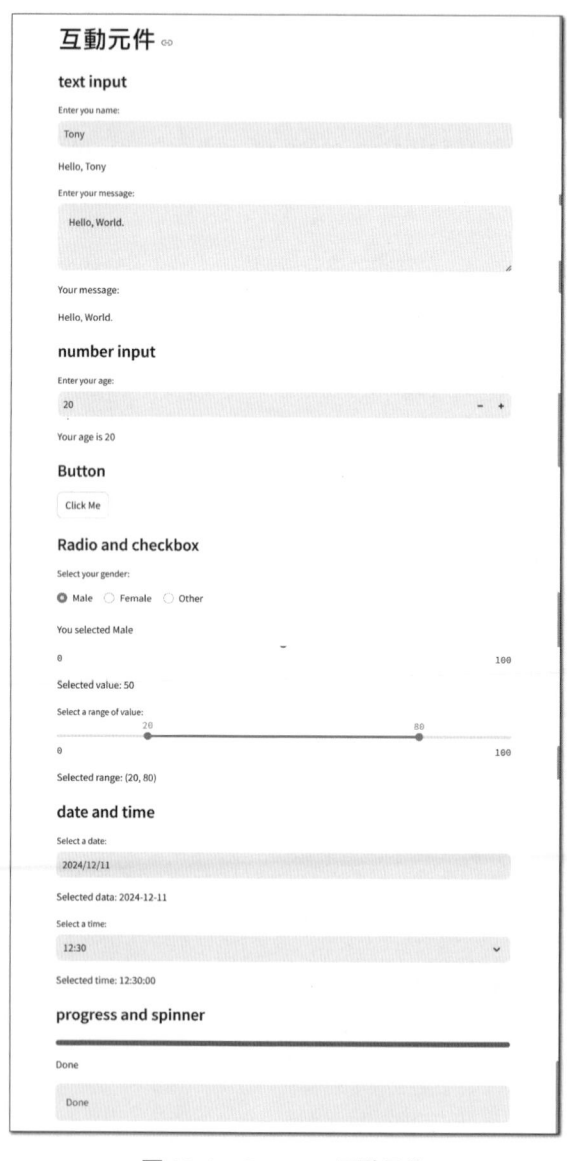

圖 13-4　Streamlit 互動元件

13.6 Streamlit 佈局元件

Streamlit 提供了佈局元件來組織應用程式的介面，可讓我們的應用程式更具互動性和使用者友善性。

🤖 st.sidebar 元件

使用 st.sidebar 元件，可將元件和其他元素增加到網頁的側邊欄，讓使用者可以專注於主要的內容。使用範例如下：

```
# 側邊欄加入抬頭
st.sidebar.title("Navigation")

# 側邊欄加入下拉式選單
page = st.sidebar.selectbox("Select a page", ["Home", "OpenCV", "Mediapipe"])
```

🤖 st.columns 元件

st.columns 元件允許將網頁內容以並排列的方式顯示，這對於建立更複雜和美觀的應用介面非常有用。使用範例如下，我們建立了二欄（column），並使用 with 語法來將內容加入至特定的欄中。

```
# 加入二欄
col1, col2 = st.columns(2)
with col1:
    st.write('Column 1 content here')
with col2:
    st.write('Column 2 content here')
```

st.expander 元件

st.expander 元件用來建立可以展開和折疊的區域，讓我們可以顯示或隱藏大塊的內容，從而讓我們的應用介面更加整潔和組織化。使用範例如下：

```
# 加入可擴展元件
with st.expander("Expand for more details"):
    st.write("Here are additional details")
```

st.tabs 元件

st.tabs 元件可以讓我們在應用程式中建立多個標籤（tabs），從而方便使用者在不同的內容區域之間進行切換，這對於組織和展示大量相關訊息非常有用。使用範例如下：

```
# 加入二個標籤
tab1, tab2 = st.tabs(["Tab1", "Tab 2"])
with tab1:
    st.write("Content for Tab1")
with tab2:
    st.write("Conent for Tab2")
```

範例 13-5

練習 Streamlit 佈局元件。

```
import streamlit as st

# 側邊欄加入抬頭及下拉式選單
st.sidebar.title("Layout Demo")
page = st.sidebar.selectbox("Select an item", ["Home", "OpenCV", "MediaPipe"])

def home():
    # 加入二欄
```

```python
st.subheader("Columns")
col1, col2 = st.columns(2)
with col1:
    st.write("Colum 1 here")
with col2:
    st.write("Column2 here")

# 加入可擴展元件
st.subheader("Expander")
with st.expander("Expand for more details"):
    st.write("Here are additional details")

# 加入二個標籤
st.subheader("Tabs")
tab1, tab2 = st.tabs(["Tab1", "Tab 2"])
with tab1:
    st.write("Content for Tab1")
with tab2:
    st.write("Conent for Tab2")

if page=="Home":
    st.header("Home")
    home()
```

輸入完成後，將其儲存為 stm05.py。若要執行程式，可以開啓終端機，以下列指令執行程式：

```
$ streamlit run stm05.py
```

執行結果，如圖 13-5 所示。

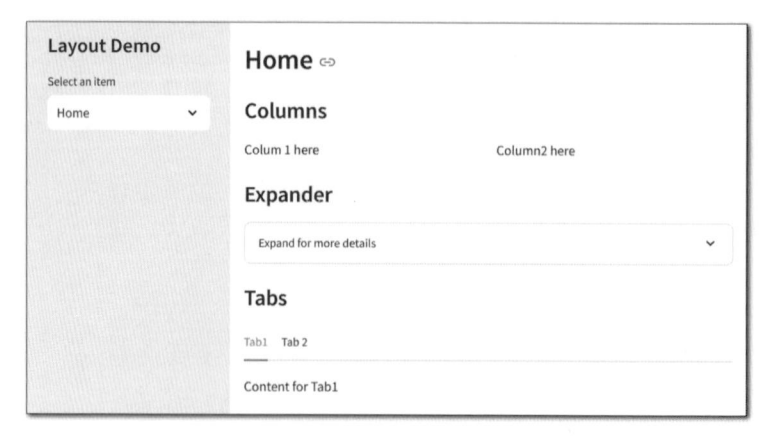

圖 13-5　Streamlit 佈局元件

13.7 使用 Session State

當我們每次與 Streamlit 進行互動時，如點擊按鈕、輸入文字，在預設情況下，Streamlit 會重新執行整個腳本，且應用程式中的變數值不會保留下來。若我們希望應用程式中的變數值可以保留下來，可以將變數放至 st.session_state 中。

🤖 st.session_state

使用 st.session_state，可以在應用程式的多個互動間保存變數的狀態，並可與不同的 Streamlit 元件之間共享這些變數狀態。

🤖 保留 counter 變數值

在 Streamlit 的應用程式中，若我們要保留 counter 變數值，可以將 counter 變數加入 st.session_state 中。

我們需要初始化 counter 值，則可檢查 st.session_state 中是否已存在 counter；若不存在，將 counter 初始化為 0。程式碼如下：

```
if 'counter' not in st.session_state:
    st.session_state.counter = 0
```

若要增加或減少 counter 的值，範例程式如下：

```
if st.button('Add'):
    st.session_state.counter += 1

if st.button('Dec'):
    st.session_state.counter -= 1
```

若要顯示 counter 狀態值，敘述如下：

```
st.write(f"Counter: {st.session_state.counter}")
```

範例 13-6

在 Streamlit 中保留 counter 變數值。

```
import streamlit as st

st.title("Session State Demo")

# 初始化 counter
if 'counter' not in st.session_state:
    st.session_state.counter = 0

# 加入 Add 按鈕，增加 counter 值
if st.button('Add'):
    st.session_state.counter += 1

# 加入 Dec 按鈕，減少 counter 值
if st.button('Dec'):
    st.session_state.counter -= 1
```

```python
# 顯示 counter 值
st.write(f"Counter: {st.session_state.counter}")
```

輸入完成後，將其儲存為 stm06.py。若要執行程式，可以開啟終端機，以下列指令執行程式：

```
$ streamlit run stm06.py
```

執行結果，如圖 13-6 所示。按一下「Add」按鈕，counter 值加 1；按一下「Dec」按鈕，counter 值減 1。

圖 13-6　Session State 保留 counter 變數狀態

範例 13-7

建立待辦事項應用程式，在應用程式中保留 todo_list 串列值。

```python
import streamlit as st

st.title('To-Do List')

# 初始化 todo_list
if 'todo_list' not in st.session_state:
    st.session_state.todo_list = []

# 輸入待辦事項，加入 todo_list 中
new_todo = st.text_input("What do you need to do?")
if st.button('Add new To-Do item'):
    st.session_state.todo_list.append(new_todo)
```

```
# 顯示 todo_list 串列
st.subheader('To Do List:')
for item in st.session_state.todo_list:
    st.write(item)
```

輸入完成後，將其儲存為 stm07.py。若要執行程式，可以開啟終端機，以下列指令執行程式：

```
$ streamlit run stm07.py
```

執行結果，如圖 13-7 所示。輸入待辦事項，按「Add new To-Do item」按鈕後，可以將待辦事項加入 Todo_list 串列中。

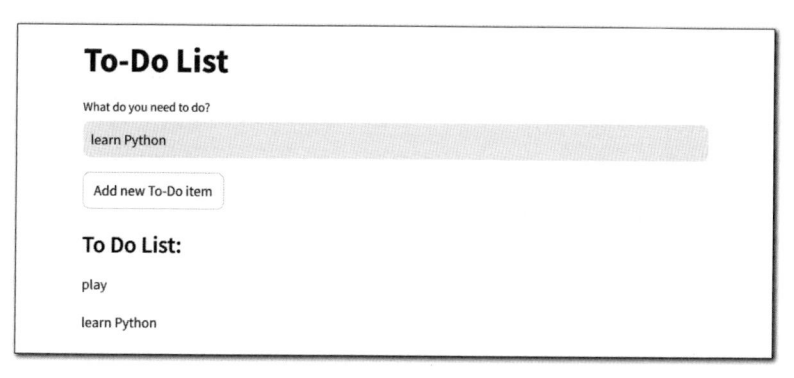

圖 13-7　使用 Session State 保留 todo_list 變數狀態

13.8 建立多頁面應用程式

在 Streamlit 中建立多頁面應用程式，可讓我們組織和展示不同類型的內容，使得應用程式更具結構性和可導覽性。

st.navigation 函式

建立多頁面導覽時，可以在進入點檔案中呼叫 st.navigation() 函式，加入可導覽的頁面。st.navigation() 函式的語法如下：

```
pg = st.navigation(pages, *, position="sidebar")
```

說明

❏ pages：可導覽的頁面。我們可以使用 st.Page() 來建立這些導覽頁面。

st.navigation() 函式執行後，會回傳選擇的 StreamlitPage 物件，我們可以呼叫 run() 函式來執行選擇的頁面。使用範例如下：

```
pg.run()
```

說明

❏ pg：pg 為 StreamlitPage 物件。

st.Page 函式

st.Page() 函式可初始化 StreamlitPage 物件，建立欲導覽的頁面。函式的語法如下：

```
st.Page(page, *, title=None, icon=None, url_path=None, default=False)
```

說明

❏ page：頁面來源，可以是回呼函式，也可以是 Python 檔案的路徑。

❏ title：頁面的標題。

❏ icon：顯示在頁面標題和標籤旁邊的可選表情符號或圖示。預設為 None，表示不顯示任何圖示。如果 icon 是字串，則可為以下的選項：① 單字元 emoji，例如：可以設定 icon="🎈" 或 icon="🔥"，不支援 short codes emoji；② Material Symbols library 中的圖示（rounded style），格式為「:material/icon_name:」，其中 icon_name 的命名規則為「snake case」，單字需為小寫，且單字與單字之間以下劃線「_」分隔，例如：icon=":material/thumb_up:" 將顯示 Thumb Up icon。

❏ default：是否為預設網頁。

範例 13-8

建立多頁面應用程式，整合 stm02 - stm07 的程式，建立導覽選單。

```python
import streamlit as st

# 建立導覽頁面
pages = {
    "Streamlit 文字及多媒體元素" : [
        st.Page("stm02.py", title=" 文字元素 ", default=True),
        st.Page("stm03.py", title=" 多媒體元素 ", icon=":material/play_circle:")
    ],
    "Streamlit 互動與佈局元件" : [
        st.Page("stm04.py", title=" 互動元件 ", icon=":material/thumb_up:"),
        st.Page("stm05.py", title=" 佈局元件 ", icon=":material/grid_view:")
    ],
    "Streamlit Session State": [
        st.Page("stm06.py", title="counter 變數 ", icon=":material/counter_1:"),
        st.Page("stm07.py", title="todo_list 變數 ", icon=":material/list_alt:")
    ]
}

# 加入導覽頁面
pg=st.navigation(pages)

# 執行選擇的頁面
pg.run()
```

輸入完成後，將其儲存為 stm08.py。若要執行程式，可以開啓終端機，以下列指令執行程式：

```
$ streamlit  run  stm08.py
```

執行後，會在頁面側邊欄顯示導覽選單，選單中的每個選項對應 stm02.py 至 stm07.py 的程式，點選後即可執行程式，如圖 13-8 所示。

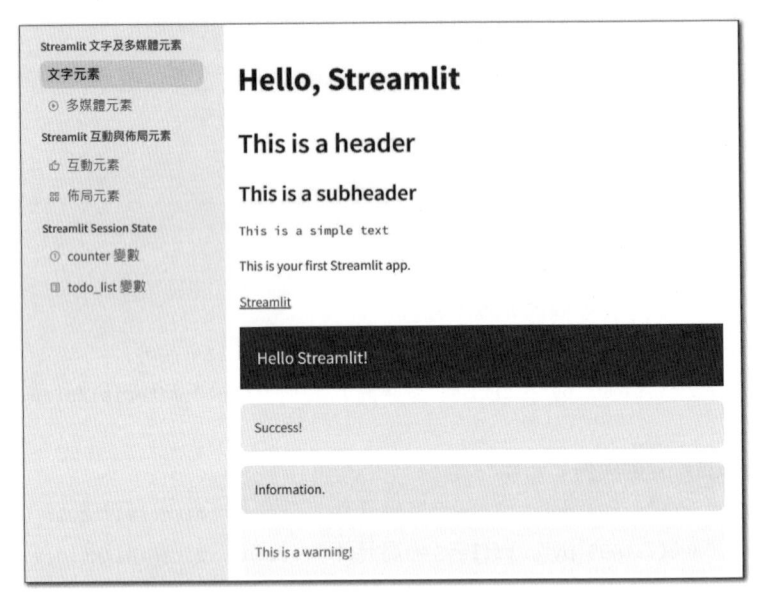

圖 13-8　建立多頁面應用程式

Material Symbols

在範例 13-8 中，我們以 st.Page() 建立導覽頁面時，icon 參數為 Material Symbols library 中的圖示。若想查詢更多的圖示，網址如下： URL https://fonts.google.com/icons?icon.set=Material+Symbols&icon.style=Rounded。

14

建立網頁版ChatGPT

14.1 本章提要
14.2 取得 OpenAI 的 API 密鑰
14.3 安裝套件
14.4 網頁顯示 OpenAI API 模型清單
14.5 簡易聊天網頁
14.6 具串流回應的聊天網頁
14.7 Streamlit 聊天元素
14.8 可儲存對話紀錄的串流聊天網頁
14.9 以 JSON 儲存對話紀錄
14.10 本章小結

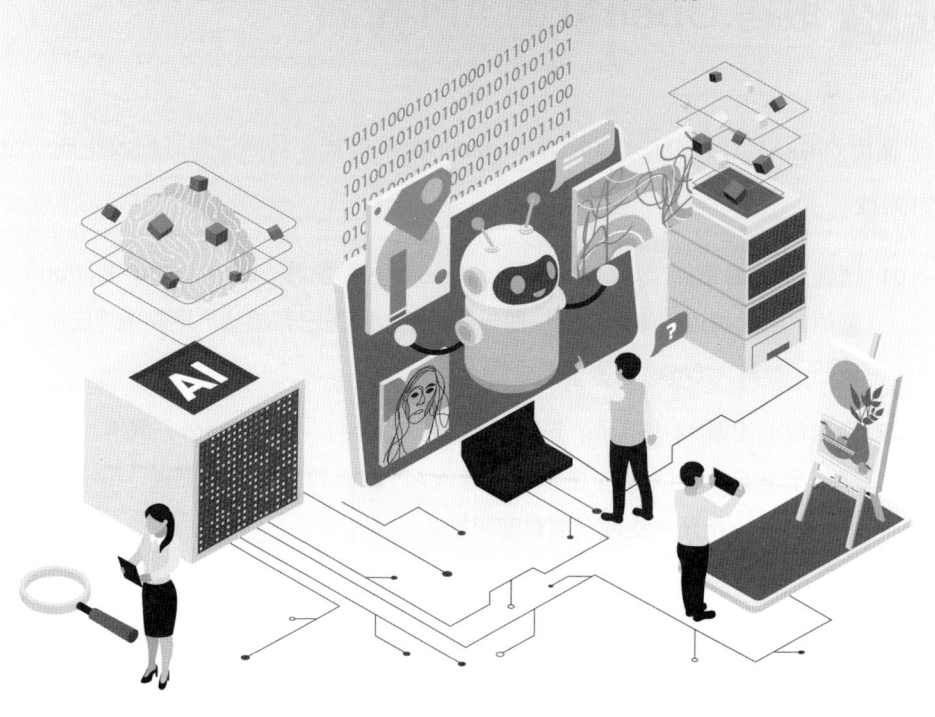

14.1 本章提要

在本章中，我們將使用 Streamlit 及 OpenAI 的 Chat API，在 Raspberry Pi 5 中建立專屬的網頁版 ChatGPT 聊天程式。OpenAI Chat API 是一個自然語言處理工具，可以用來開發應用程式和服務，使開發者能夠建立智慧對話機器人，它使用了 OpenAI 最先進的語言模型，可完成多種不同的任務，如回答問題、提供建議、翻譯文字等。

在本章中，我們在 OpenAI Chat API 中採用 GPT-4o 模型，該模型使用了大量的訓練資料，可以對輸入的文字進行理解和生成相應的回應。開發者可透過 API 將自己的應用程式連接到 OpenAI 的模型，傳遞文字給 API，然後獲得模型回傳的回答。另一方面，Streamlit 提供了多種聊天元素，讓我們可以為對話代理或聊天機器人建立圖形使用者介面（GUI），方便我們開發網頁版的聊天應用程式。

14.2 取得 OpenAI 的 API 密鑰

要使用 OpenAI API 來建立專屬的 ChatGPT 應用程式，我們需要註冊及生成一個 API 密鑰。

STEP/ 01 連到 OpenAI 官網：(URL) https://openai.com/，並點選「Log in → API Platform」選項。若是還沒有帳號，請註冊一個帳號；若是已有帳號，則點選「Log in」按鈕，並輸入 Email 及密碼進行登入。

STEP/ 02 登入後，如圖 14-1 所示，先點選網頁右上角的「Dashboard」選項，再點選網頁左邊的「API keys」選項，以進入 API keys 頁面，接著點選「Create new secret key」按鈕，生成一個新的密鑰。

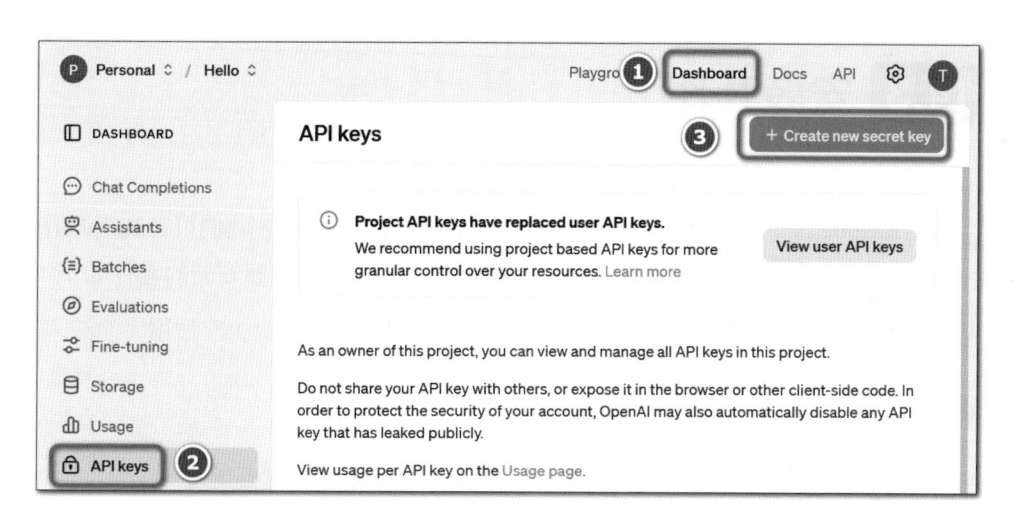

圖 14-1　生成 OpenAI API keys

STEP/ 03 出現圖 14-2 的畫面，在生成密鑰之前，我們可以為新密鑰命名，也可以不命名。點選「Create secret key」按鈕，即可生成密鑰；API 密鑰生成後，請複製它至一個文字檔中儲存起來，因為它只會顯示一次，所以請妥善保管你的密鑰。

圖 14-2　建立密鑰

14.3 安裝套件

要在 Raspberry Pi 5 中建立專屬的網頁版 ChatGPT 聊天程式，我們可在 Raspberry Pi 5 中建立虛擬環境，並在啟動虛擬環境後安裝套件。我們需要安裝的套件如下：① streamlit 套件、② openai 套件、③ python-decouple 套件。

🤖 建立及啟動虛擬環境

STEP/ **01** 我們先建立 openai 目錄，並在進入 openai 目錄後建立虛擬環境。

```
$ mkdir  openai
$ cd  openai
$ python  -m  venv  venv
```

STEP/ **02** 啟動虛擬環境。

```
$ source  venv/bin/activate
```

🤖 安裝套件

STEP/ **01** 啟動虛擬環境後，我們先安裝 streamlit 套件。

```
$ pip  install  streamlit
```

STEP/ **02** OpenAI 提供的 openai 套件，可讓我們透過 HTTP request 與 OpenAI API 進行互動。安裝此套件的指令如下：

```
$ pip  install  openai
```

STEP/ **03** 使用 python-decouple 套件，可協助將配置參數（如 OpenAI API 密鑰），與 Python 程式碼分離，這對我們在程式碼中保密 API 密鑰很有幫助。安裝 python-decouple 套件的指令如下：

```
$ pip install python-decouple
```

🤖 使用 python-decouple 套件

STEP/ **01** 若要使用 python-decouple 套件,讓 OpenAI API 密鑰與 Python 程式分離,可以先建立 .env 檔案,並在檔案中設定 OpenAI API 密鑰。在本章中,.env 檔案的設定內容如下:

```
OPENAI_API_KEY = " 你的密鑰 "
```

STEP/ **02** 在 Python 程式中,若要取得 .env 檔案中的 OpenAI API 密鑰,並以此密鑰建立 OpenAI 物件,程式碼如下:

```
from openai import OpenAI
from decouple import config

# 取得 .env 檔案中的 OPENAI_API_KEY 參數
api_key = config('OPENAI_API_KEY')

# 以 api_key 建立 OpenAI 物件
client = OpenAI(api_key=api_key)
```

14.4 網頁顯示 OpenAI API 模型清單

我們可使用 Streamlit 及 OpenAI API 提供的 models.list(),以網頁顯示 OpenAI API 提供的模型清單。models.list() 執行後,會回傳如下的結果,我們可透過 models.data 取得 OpenAI API 模型的相關訊息,如模型的 id。

```
"data": [
    {
```

```
    "id": "model-id-0",
    "object": "model",
    "created": 1686935002,
    "owned_by": "organization-owner"
  },
  ...
]
```

範例 14-1

以 stremlit 顯示 OpenAI API 提供的模型清單。

```
from openai import OpenAI
from decouple import config
import streamlit as st

# 建立 OpenAI 物件
api_key = config('OPENAI_API_KEY')
client = OpenAI(api_key=api_key)

# 列出模型清單
models = client.models.list()

# 取得模型的 id
model_list=[m.id for m in models.data]

# 排序 id
model_list.sort()

# 顯示模型 id
st.title("List models")
st.write(model_list)
```

輸入完成後，將其儲存為 stmai01.py。若要執行程式，可以開啟終端機，以下列指令執行程式：

```
$ streamlit run stmai01.py
```

執行結果,如圖 14-3 所示。其會列出排序後的模型 id。

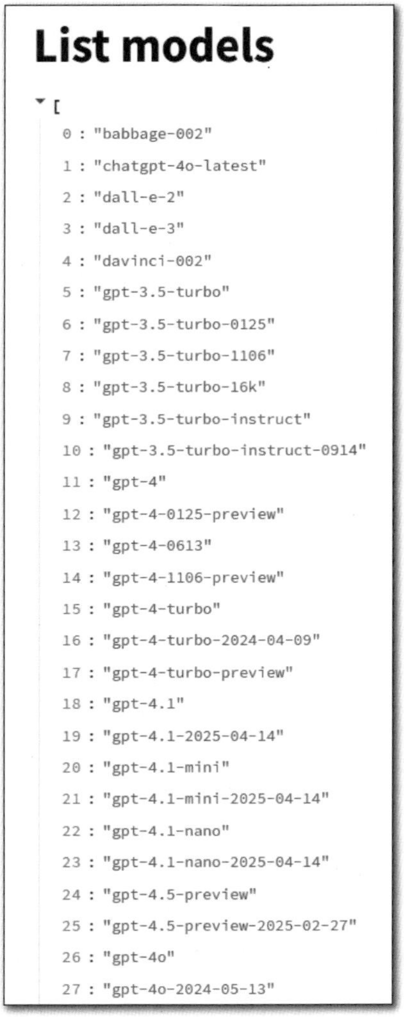

List models

```
[
    0 : "babbage-002"
    1 : "chatgpt-4o-latest"
    2 : "dall-e-2"
    3 : "dall-e-3"
    4 : "davinci-002"
    5 : "gpt-3.5-turbo"
    6 : "gpt-3.5-turbo-0125"
    7 : "gpt-3.5-turbo-1106"
    8 : "gpt-3.5-turbo-16k"
    9 : "gpt-3.5-turbo-instruct"
    10 : "gpt-3.5-turbo-instruct-0914"
    11 : "gpt-4"
    12 : "gpt-4-0125-preview"
    13 : "gpt-4-0613"
    14 : "gpt-4-1106-preview"
    15 : "gpt-4-turbo"
    16 : "gpt-4-turbo-2024-04-09"
    17 : "gpt-4-turbo-preview"
    18 : "gpt-4.1"
    19 : "gpt-4.1-2025-04-14"
    20 : "gpt-4.1-mini"
    21 : "gpt-4.1-mini-2025-04-14"
    22 : "gpt-4.1-nano"
    23 : "gpt-4.1-nano-2025-04-14"
    24 : "gpt-4.5-preview"
    25 : "gpt-4.5-preview-2025-02-27"
    26 : "gpt-4o"
    27 : "gpt-4o-2024-05-13"
```

圖 14-3　列出模型 id

14.5 簡易聊天網頁

我們可使用 Streamlit 及 OpenAI 的 Chat API，建立簡易的網頁版聊天應用程式。

🤖 chat.completions.create() 函式

呼叫 chat.completions.create() 函式，可讓我們給定對話的訊息串列後，取得模型的完成回應。使用範例如下：

```
from openai import OpenAI
client = OpenAI()

# 取得對話回應
completion = client.chat.completions.create(
    # gpt 模型
    model="gpt-4.1",
    # 對話訊息串列
    messages=[
        {"role": "developer", "content": "You are a helpful assistant."},
        {"role": "user", "content": "Hello!"}
    ]
)

print(completion.choices[0].message)
```

messages 類型為物件串列，每個物件都有一個角色（role），角色可為 developer、user、assistant。對話可以是一條訊息，也可以是多條訊息。通常，對話首先由 developer 角色開始，接著是交替的 user 及 assistant 訊息。

使用 developer 角色訊息有助於設定 assistant 的行為，但這是一個選項，若沒有設定 developer 角色，則會將 developer 角色的內容（content）設為通用的描述，如「You are a helpful assistant」。

🤖 Chat API 完成回應格式

Chat API 完成回應格式為 JSON，示例如下：

```
{
  "id": "chatcmpl-123",
  "object": "chat.completion",
  "created": 1677652288,
  "model": "gpt-4o-mini",
  "system_fingerprint": "fp_44709d6fcb",
  "choices": [{
    "index": 0,
    "message": {
      "role": "assistant",
      "content": "\n\nHello there, how may I assist you today?",
    },
    "logprobs": null,
    "finish_reason": "stop"
  }],
  "usage": {
    "prompt_tokens": 9,
    "completion_tokens": 12,
    "total_tokens": 21,
    "completion_tokens_details": {
      "reasoning_tokens": 0
    }
  }
}
```

我們注意到 choices 串列，此串列的元素為字典，字典中的 index 為 0 的 message 值，內含回傳的回答訊息，其中 key 為 content 的值，才是我們真正想要的回答，所以若要取出正確的回答，敘述如下：

```
completion.choices[0].message.content
```

範例 14-2

使用 Streamlit 及 OpenAI 的 Chat API，建立簡易的網頁版聊天程式。

```python
from openai import OpenAI
from decouple import config
import streamlit as st

# 建立 OpenAI 物件
api_key = config('OPENAI_API_KEY')
client = OpenAI(api_key=api_key)

# chat 模型
model_name="gpt-4.1"

# 加入單行文字輸入框
message=st.text_input(" 輸入問題 "," 台北哪裡最好玩 ?")

# 取得 message 訊息的回應
def gpt_response(message):
    completion = client.chat.completions.create(
        model=model_name,
        messages=[
            {"role": "developer", "content": " 你會說中文，是聰明的助理 "},
            {"role": "user", "content": message}
        ]
    )
    response = completion.choices[0].message.content
    return response

if st.button(" 確定 "):
    if message:
        # 取得 message 訊息的回應
        resp = gpt_response(message)

        # 顯示回應
        st.write(resp)
```

輸入完成後,將其儲存為 stmai02.py。若要執行程式,可以開啟終端機,以下列指令執行程式:

```
$ streamlit run stmai02.py
```

執行結果,如圖 14-4 所示。輸入問題後按下「確定」按鈕,即可顯示 OpenAI Chat 的回應。

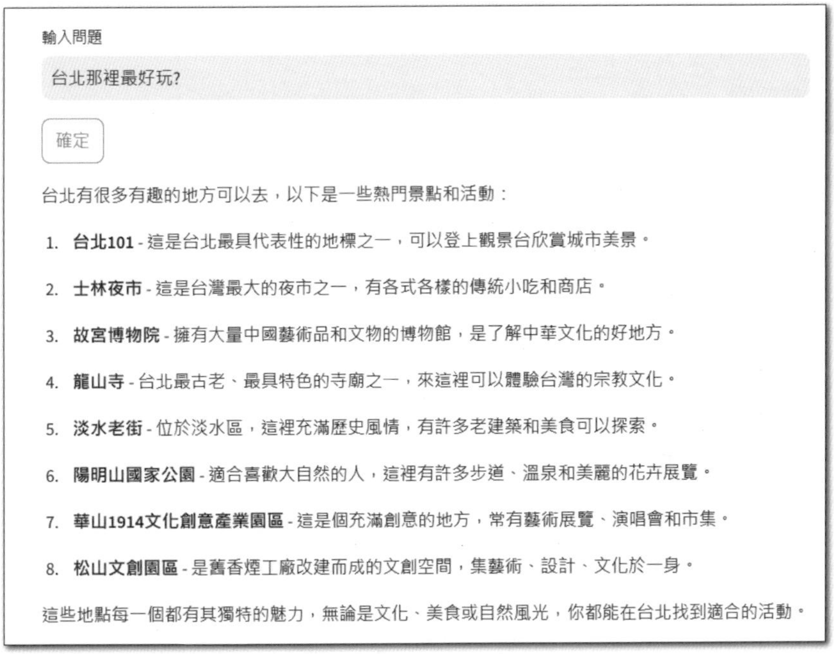

圖 14-4 簡易聊天網頁

14.6 具串流回應的聊天網頁

OpenAI Chat API 提供了 stream 參數,可讓我們以串流方式循序取得模型已生成的片段回應結果。

🤖 st.write_stream() 函式

Streamlit 提供了 write_stream() 函式，可方便我們顯示 Chat API 回應的串流訊息。函式的語法如下：

```
st.write_stream(stream)
```

說明

❏ stream：為生成器或是可迭代的串流。

範例 14-3

使用 Streamlit 及 OpenAI 的 Chat API，建立具串流輸出的網頁版聊天程式。

```python
from openai import OpenAI
from decouple import config
import streamlit as st

# 建立 OpenAI 物件
api_key = config('OPENAI_API_KEY')
client = OpenAI(api_key=api_key)

# Chat 模型
model_name="gpt-4.1"

# 加入單行文字輸入框
message=st.text_input(" 輸入問題 "," 台中哪裡最好玩 ?")

# 取得 message 的串流回應
def gpt_response(message):
    response = client.chat.completions.create(
        model=model_name,
        messages=[
            {"role": "developer", "content": " 你會說中文，是聰明的助理 "},
            {"role": "user", "content": message}
        ],
```

```
        stream=True
    )
    return response

if st.button(" 確定 "):
    if message:
        resp = gpt_response(message)
        # 顯示串流回應
        st.write_stream(resp)
```

輸入完成後，將其儲存為 stmai03.py。若要執行程式，可以開啟終端機，以下列指令執行程式：

```
$ streamlit  run  stmai03.py
```

執行結果，如圖 14-5 所示。輸入問題後按下「確定」按鈕，可顯示 OpenAI Chat 的串流回應訊息。

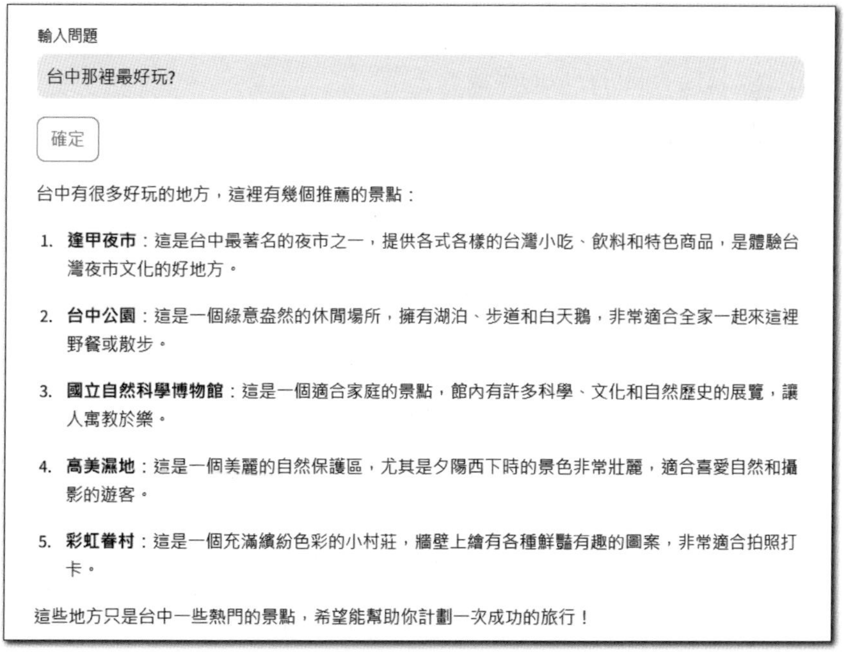

圖 14-5　具串流回應的聊天網頁

14.7 Streamlit 聊天元素

Streamlit 提供了多種聊天元素，讓我們可以為聊天機器人建立圖形使用者介面（GUI）。Streamlit 提供了下列的聊天元素：① st.chat_message、② st.chat_input。

🤖 chat_message 元素

chat_message 元素會建立聊天容器，讓我們可以在聊天容器中顯示使用者訊息或 Chat API 回應訊息。聊天容器可包含 Streamlit 元素，如圖表、表格、文字等，我們可以使用 with 敘述將這些元素新增至聊天容器中。

chat_message() 函式的語法如下：

```
st.chat_message(name)
```

說明

❏ name：name 參數可以是 user 或 assistant，這個參數名稱不能為空白，且不會顯示在 UI 上，只是一個可存取的標籤。

使用 st.chat_message() 的範例如下：

```
import streamlit as st

with st.chat_message("user"):
    st.write("Hello 👋")
```

執行後，chat_message() 會建立聊天容器，並顯示預設的 user 圖示及樣式。在聊天容器中，我們以 st.write() 顯示 "Hello 👋" 訊息。

🤖 chat_input 元素

chat_input 元素允許顯示聊天小元件，讓使用者可以輸入訊息，並回傳使用者輸入的訊息。此元素的語法如下：

```
st.chat_input(placeholder="Your message")
```

說明

❏ placeholder：當 chat 輸入為空白時要顯示的文字訊息。

chat_input 的使用範例如下：

```
import streamlit as st

prompt = st.chat_input("Say something")
if prompt:
    st.write(f"User has sent the following prompt: {prompt}")
```

執行後，會顯示輸入方塊，讓使用者可以輸入聊天訊息，並將使用者輸入訊息存至 prompt 變數中。

範例 14-4

加入 Streamlit 聊天元素，建立具串流回應的聊天網頁。

```python
from openai import OpenAI
from decouple import config
import streamlit as st

# 建立 OpenAI 物件
api_key = config('OPENAI_API_KEY')
client = OpenAI(api_key=api_key)

# Chat 模型
model_name="gpt-4.1"

# 加入聊天輸入框
message=st.chat_input(" 輸入問題 ")

# 取得 message 的串流回應
def gpt_response(message):
```

```python
    response = client.chat.completions.create(
        model=model_name,
        messages=[
            {"role": "developer", "content": " 你會說中文，是聰明的助理 "},
            {"role": "user", "content": message}
        ],
        stream=True
    )
    return response

if message:
    # 顯示 message 訊息
    with st.chat_message("user"):
        st.write(message)

    resp = gpt_response(message)

    # 顯示串流回應
    with st.chat_message("assistant"):
        st.write_stream(resp)
```

輸入完成後，將其儲存為 stmai04.py。若要執行程式，可以開啟終端機，以下列指令執行程式：

```
$ streamlit run stmai04.py
```

執行結果，如圖 14-7 所示。輸入問題後，會顯示 user 的問題，並顯示 OpenAI Chat 的串流回應訊息。

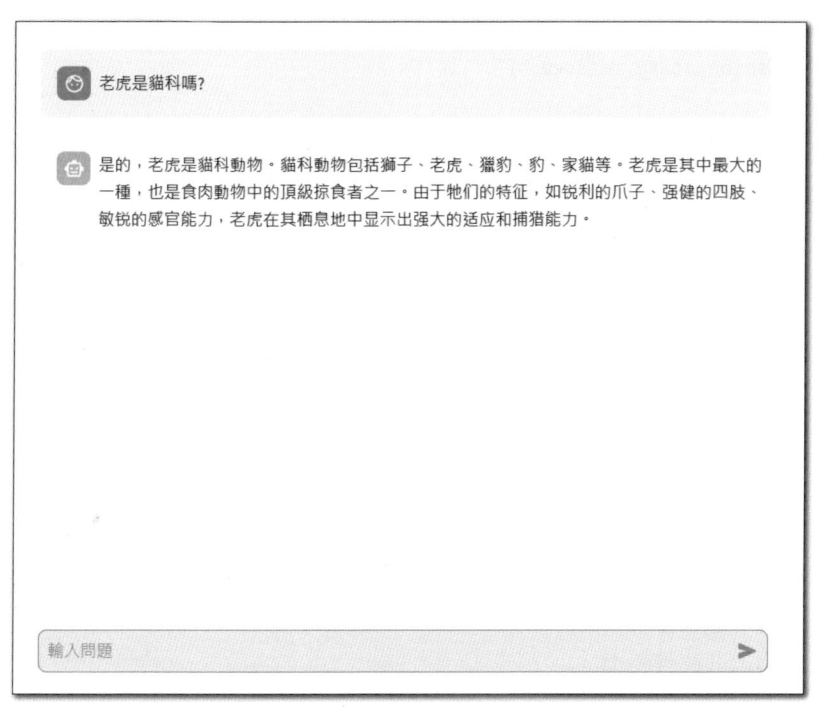

圖 14-7　Streamlit 聊天元素

14.8 可儲存對話紀錄的串流聊天網頁

在 OpenAI 的 Chat API 中，若對話中會引用之前的 user 提示訊息時，則 messages 中必須包含歷史的對話紀錄；有了歷史的對話紀錄，模型才能回傳正確的回答。

🤖 使用 st.session_state 儲存對話紀錄

在 Streamlit 中，我們可以使用 st.session_state 元素來儲存對話的歷史紀錄。例如，我們可以使用 messages 串列來儲存對話的歷史紀錄。

STEP/ 01 我們先檢測 messages 串列是否存在於 st.session_state；若不存在，則初始化 messages 為空串列。程式碼如下：

```
if "messages" not in st.session_state:
    st.session_state.messages=[]
```

STEP/ **02** 我們取得使用者的輸入的聊天訊息,並將此訊息新增至 messages 串列中。程式範例如下:

```
if prompt:= st.chat_input(" 輸入問題 "):
    st.session_state.messages.append({
        "role": "user",
        "content": prompt
    })
```

說明

❑ if prompt := st.chat_input(" 輸入問題 "):使用了 := 運算元。此語法允許將使用者輸入的內容存至 prompt 變數,並在條件式中進行判斷,若 prompt 含有使用者輸入的內容,則條件為真。

STEP/ **03** 在取得 Chat API 的串流回應訊息時顯示回應訊息,再將顯示結果新增至 messages 串列中。程式碼如下:

```
# 取得串流回應訊息
stream = gpt_response(st.session_state.messages)

# 顯示串流回應訊息
resp=st.write_stream(stream)

# 將回應訊息,加入 messages 串列中
st.session_state.messages.append({"role":"assistant", "content":resp})
```

範例 14-5

使用 Streamlit 及 OpenAI Chat API 建立網頁版聊天程式,以 st.session_state.messages 串列儲存聊天的對話紀錄。

```python
from openai import OpenAI
from decouple import config
import streamlit as st

# 建立 OpenAI 物件
api_key = config('OPENAI_API_KEY')
client = OpenAI(api_key=api_key)

# Chat 模型
model_name="gpt-4.1"

# 取得 messages 的串流回應訊息
def gpt_response(messages):
    stream = client.chat.completions.create(
        model=model_name,
        messages=[
            {"role":m["role"], "content":m["content"]} for m in messages
        ],
        stream=True
    )
    return stream

# 初始化 messages 串列
if "messages" not in st.session_state:
    st.session_state.messages=[]

# 顯示 messages 串列內容
for message in st.session_state.messages:
    with st.chat_message(message["role"]):
        st.markdown(message["content"])

# 判斷是否有使用者輸入訊息
if prompt:= st.chat_input(" 輸入問題 "):
    # 將輸入訊息加入 messages 串列
    st.session_state.messages.append({
        "role": "user",
```

```
        "content": prompt
    })

    # 顯示 user 輸入的訊息
    with st.chat_message("user"):
        st.markdown(prompt)

    # 顯示 Chat 回應的串流訊息
    with st.chat_message("assistant"):
        # 取得串流回應訊息
        stream = gpt_response(st.session_state.messages)

        # 顯示串流回應訊息
        resp=st.write_stream(stream)

        # 顯示結果加入 messages 串列中
        st.session_state.messages.append({"role":"assistant", "content":resp})
```

輸入完成後,將其儲存為 stmai05.py。若要執行程式,可以開啟終端機,以下列指令執行程式:

```
$ streamlit run stmai05.py
```

執行結果,如圖 14-7 所示。首先提出問題:「老虎是貓科嗎?」,接著再提出問題:「獅子呢?」。由於有儲存對話紀錄,所以 OpenAI 會推斷出我們要問的是:「獅子是貓科嗎?」,進而給我們正確的回應訊息。

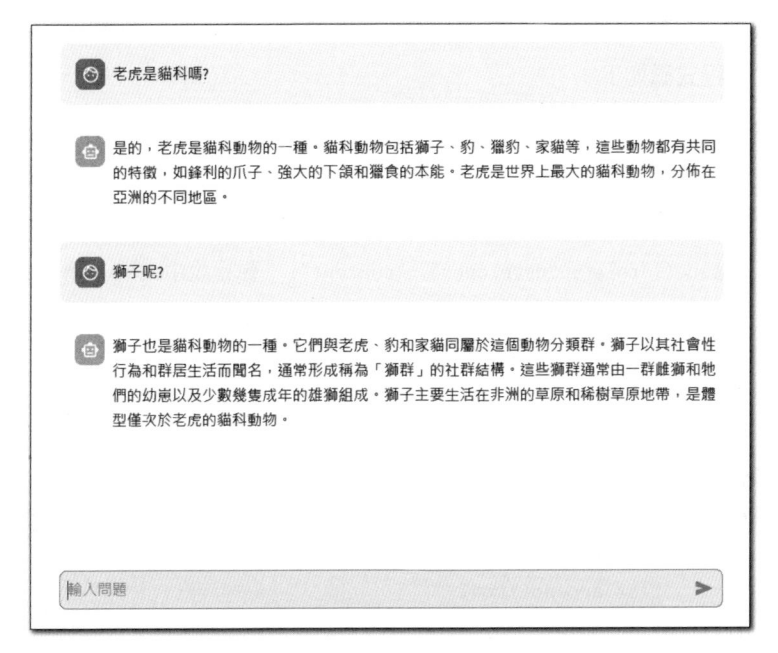

Chapter 14 建立網頁版 ChatGPT

圖 14-7　可儲存對話紀錄的串流聊天網頁

14.9 以 JSON 儲存對話紀錄

若我們要長久保存聊天程式的對話紀錄，可使用 JSON 檔案來儲存這些聊天紀錄。

管理 JSON 檔案

STEP/ 01　我們定義 JSON 檔案的路徑及檔名，此檔案將用來儲存對話紀錄。敘述如下：

```
file_name="hist_data.json"
```

STEP/ 02　我們定義 rest_hist() 函式，此函式可將 JSON 檔案的內容清空。

```
def reset_hist():
    open(file_name, "w")
```

STEP/ 03 定義 get_hist() 函式,可取得 JSON 檔案內容,並將取出的內容存到 hist 串列中。程式碼如下:

```python
def get_hist():
    hist = []
    # 加入聊天角色的設定
    hist.append({"role": "developer", "content": " 你會說中文,是聰明的助理 "})
    
    try:
        # 開啟 JSON 檔案
        with open(file_name) as f:
            # 讀取 JSON 檔案,將檔案內容加入 hist 串列
            data = json.load(f)
            for item in data:
                hist.append(item)
    except Exception as e:
        pass
    return hist
```

STEP/ 04 定義 save_hist() 函式,可將使用者輸入的提示以及 Chat API 回答的內容儲存至 JSON 檔案中。程式碼如下:

```python
def save_hist(user_msg, reply_msg):
    # 取出原本的聊天及回應內容,忽略聊天角色的設定
    hist = get_hist()[1:]
    hist.append({"role": "user", "content": user_msg})
    hist.append({"role": "assistant", "content": reply_msg})
    
    # 將 hist 串列寫入 JSON 檔案
    with open(file_name, "w", encoding="utf-8") as f:
        json.dump(hist, f)
```

範例 14-6

使用 Streamlit 及 OpenAI Chat API 建立網頁版聊天程式，並以 JSON 儲存聊天的對話紀錄。

```python
from openai import OpenAI
from decouple import config
import streamlit as st
import json

# 建立 OpenAI 物件
api_key = config('OPENAI_API_KEY')
client = OpenAI(api_key=api_key)

# Chat 模型
model_name="gpt-4.1"

# 設定 JSON 檔案
file_name = "hist_data.json"

# 清除 JSON 檔案
def reset_hist():
    open(file_name, "w")

# 取得對話歷史紀錄
def get_hist():
    hist = []
    # 加入聊天角色的設定
    hist.append({"role": "developer", "content": "你會說中文，是聰明的助理"})

    try:
        # 開啟 JSON 檔案，將檔案內容加入 hist 串列
        with open(file_name) as f:
            data = json.load(f)
            for item in data:
                hist.append(item)
```

```python
        except Exception as e:
            pass

    return hist

# 儲存對話紀錄
def save_hist(user_msg, reply_msg):
    # 取出對話歷史紀錄,忽略聊天角色的設定
    hist = get_hist()[1:]

    # 將新的問題及回應加入 hist 串列
    hist.append({"role": "user", "content": user_msg})
    hist.append({"role": "assistant", "content": reply_msg})

    # 將 hist 串列儲存至 JSON 檔案
    with open(file_name, "w", encoding="utf-8") as f:
        json.dump(hist, f)

# 取得問題的串列回應訊息
def gpt_response(messages):
    stream = client.chat.completions.create(
        model=model_name,
        messages=[
            {"role":m["role"], "content":m["content"]} for m in messages
        ],
        stream=True
    )
    return stream

# 加入「新對話」按鈕
if st.sidebar.button(" 新對話 "):
    reset_hist()

# 取得對話歷史,存入 messages 串列
messages = get_hist()
for message in messages:
```

```python
    # 顯示對話角色及內容
    with st.chat_message(message["role"]):
        st.markdown(message["content"])

# 判斷是否使用者有輸入問題
if prompt:= st.chat_input(" 輸入問題 "):
    # 將輸入問題加入 messages 串列
    messages.append({
        "role": "user",
        "content": prompt
    })

    # 顯示使用者問題
    with st.chat_message("user"):
        st.markdown(prompt)

    # 顯示 assistant 回應訊息
    with st.chat_message("assistant"):
        # 取得串流回應訊息
        stream = gpt_response(messages)

        # 顯示串流回應訊息
        resp=st.write_stream(stream)

        # 將回應訊息加入 messages 串列
        messages.append({"role":"assistant", "content":resp})

    # 將問題及回應存入 JSON 檔案
    save_hist(prompt, resp)
```

輸入完成後,將其儲存為 stmai06.py。若要執行程式,可以開啟終端機,以下列指令執行程式:

```
$ streamlit  run  stmai06.py
```

執行結果，如圖 14-8 所示。按下「新對話」按鈕，會清除 JSON 檔案內容。每次輸入問題，會顯示對話歷史紀錄，並將新的對話問題及回應訊息儲存至 JSON 檔案，就算我們離開 App，重新再執行一次 stmai06.py，仍然可以看到原本的歷史對話紀錄。

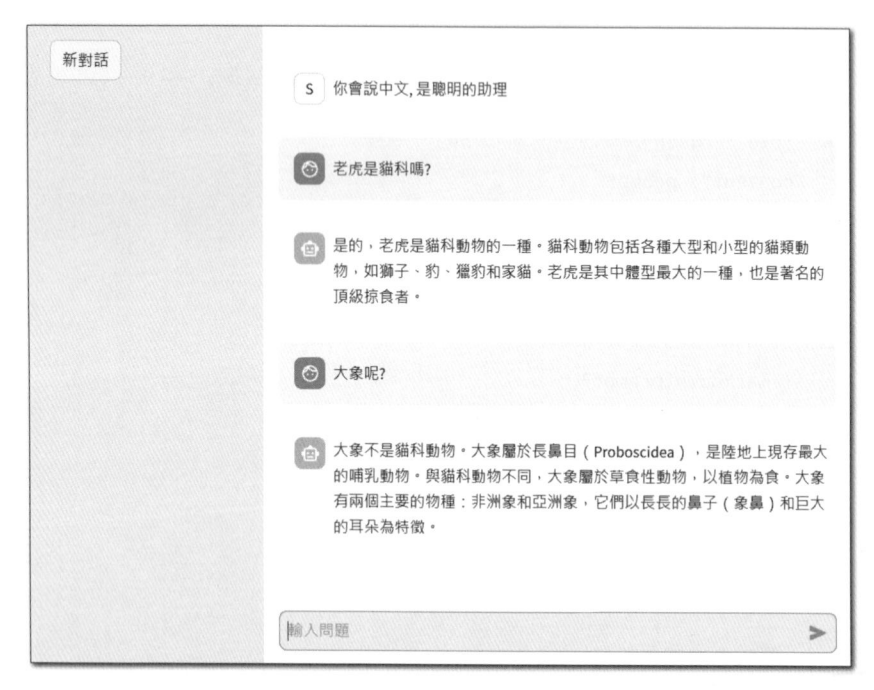

圖 14-8　以 JSON 儲存對話紀錄

14.10　本章小結

在本章中，我們示範了如何使用 Streamlit 及 OpenAI 的 Chat API，在 Raspberry Pi 5 中建立專屬的網頁版 ChatGPT 聊天程式。

要使用 OpenAI API 來建立專屬的 ChatGPT 應用程式，我們需要註冊及生成一個 API 密鑰。API 密鑰生成後，請複製它至一個文字檔中儲存起來，且因為它只會顯示一次，所以請妥善保管你的密鑰。使用 python-decouple 套件，可以協助將

OpenAI API 密鑰，與 Python 程式碼分離，這對我們在程式碼中保密 API 密鑰很有幫助。

我們可以使用 OpenAI API 提供的 models.list()，列出 OpenAI API 提供的模型清單。使用 OpenAI 的 Chat API，可讓我們建立聊天應用程式。Chat API 提供了 stream 參數，可讓我們以串流方式循序取得模型已生成的片段回應結果。

Streamlit 提供了 write_stream 元素，可顯示 Chat API 回應的串流訊息。另外，Streamlit 的 st.chat_message 及 st.chat_input 聊天元素，讓我們可以為聊天機器人建立圖形使用者介面（GUI）。

在 OpenAI 的 Chat API 中，若對話中會引用之前的 user 提示訊息時，則 messages 中必須包含歷史對話紀錄，有了歷史對話紀錄，模型才能回傳正確的回答。在 Streamlit 中，我們可使用 st.session_state 元素來儲存歷史對話紀錄；若我們要長久保存聊天程式的對話紀錄，則可以使用 JSON 檔案來儲存這些聊天紀錄。

M•E•M•O